北方水稻栽培

主编／金桂秀 李相奎

山东科学技术出版社

图书在版编目（CIP）数据

北方水稻栽培 / 金桂秀, 李相奎主编. —济南：山东
科学技术出版社, 2019.12
ISBN 978-7-5331-9996-8

Ⅰ.①北… Ⅱ.金… ②李… Ⅲ.①水稻栽培
Ⅳ.① S511

中国版本图书馆 CIP 数据核字 (2019) 第 268812 号

北方水稻栽培
BEIFANG SHUIDAO ZAIPEI

责任编辑：于　军
装帧设计：魏　然

主管单位：山东出版传媒股份有限公司
出 版 者：山东科学技术出版社
　　　　　地址：济南市市中区英雄山路 189 号
　　　　　邮编：250002　电话：（0531）82098088
　　　　　网址：www.lkj.com.cn
　　　　　电子邮件：sdkj@sdcbcm.com
发 行 者：山东科学技术出版社
　　　　　地址：济南市市中区英雄山路 189 号
　　　　　邮编：250002　电话：（0531）82098071
印 刷 者：山东新华印务有限责任公司
　　　　　地址：济南市世纪大道 2366 号
　　　　　邮编：250104　电话：（0531）82079112

规格：小 16 开（170mm×240mm）
印张：14.75　　字数：240 千　　印数：1～1500
版次：2019 年 12 月第 1 版　　2019 年 12 月第 1 次印刷
定价：58.00 元

主　编　金桂秀　李相奎

副主编　范永强　张瑞华　刘丽娟　崔爱华

编　者　（按姓氏笔画为序）

于慎兴　王永美　王桂香　王福花　刘仕强

李美凤　李艳敏　李友树　吴　秋　张　娟

陈为兰　郑士崔　范金华　周晋东　钟　成

姚夕敏　侯慧敏　高　扬　徐金辉

作者简介

　　金桂秀，女，1968年2月生，山东日照人，中共党员，高级农艺师，现任临沂市农业科学院水稻研究所所长。

　　先后承担完成国家、省和市级水稻科技创新项目10项，育成国家审定旱稻品种临旱1号和转基因双抗水稻新品系 Lk1、Lk2，山东省审定水稻新品种临稻12号、13号、15号、19号、21号、22号、23号、24号，获得品种权（国家专利）4项，推广应用40余万 hm^2，累增经济效益超过15亿元。荣获中国技术市场金桥奖1项，山东省技术市场科技金桥奖一等奖1项，山东省科技进步三等奖1项，山东省农业"丰收计划"三等奖1项，山东省农业科学院科技进步奖一等奖1项，临沂市科技进步奖一等奖2项、二等奖6项、三等奖2项，临沂自然科学优秀学术成果一等奖2项。编写山东省地方标准1个、临沂市地方标准1个。在国家和省级核心期刊发表论文20篇，主（参）编科技著作4部。荣获临沂市优秀科技工作者、临沂市"十佳"女科技工作者、临沂市"三八红旗手"、临沂市市直优秀共产党员、"科技三下乡"先进个人、农业系统先进工作者等荣誉称号，山东省第十一次党代会代表。

李相奎，男，1964年12月生，1987年7月毕业于莱阳农学院（现青岛农业大学），分配到临沂市水稻研究所（现临沂市农业科学院水稻研究所），一直致力于高产、优质、多抗水稻新品种选育，优质稻米制品研究开发，水稻高产栽培、有机栽培、春夏直播节水增效栽培，以及病虫草害防治等综合技术研究推广与应用工作。

先后主持完成国家、省和市级水稻科技创新项目10余项，主持育成临稻6号、临稻9号、临稻12号、临稻15号、临稻19号、临稻21号、临稻22号、临稻23号、临稻24号等9个山东省审定水稻新品种和LK1、LK2两个转基因双抗水稻新品系，协作育成临稻4号、临稻16号、临稻17号3个山东省审定水稻新品种，获得6项国家植物新品种权。荣获中国技术市场协会金桥奖优秀项目奖1项、山东省技术市场协会金桥奖科技项目一等奖1项，山东省科技进步三等奖1项，山东省农业科技进步一等奖1项，山东省农牧业丰收奖二等奖1项、三等奖4项，山东省农业科学院科技进步一等奖1项，临沂市科技进步一等奖3项，临沂市科技进步二等奖5项、三等奖1项，临沂市自然科学优秀学术成果一等奖2项。申请国家保护并有偿转让临稻12号、临稻15号、临稻19号、临稻21号、临稻22号等5个省审水稻新品种生产经营权，累计推广应用"临稻号"系列水稻新品种80余万hm²，累增稻谷84万t，累增经济效益21亿元。主（参）编《水稻高产栽培新技术》《中国农作物新品种》等著作4部，在国家和省级核心期刊发表论文38篇，荣获中国技术市场协会"三农"科技服务金桥奖先进个人。现为山东省农作物品种审定委员会委员、山东省现代农业产业技术体系水稻遗传育种岗位专家、临沂市首席水稻科技专家、临沂市水稻育种工程技术中心主任，兼任北方稻作科学技术协会理事、粳稻食味品评员、中国粳稻食味研究战略联盟发起单位首席专家、国家水稻品种资源编目入库协作专家、中国种业集团公司水稻产品测试协作专家、国家黄淮稻区连云港科企水稻试验联合体协作专家、山东省水稻联合区域试验协作专家。

前　言

水稻是我国的主要粮食作物，播种面积和总产量均居首位。我国北方水稻栽培区域广，主要包括北京、天津、黑龙江、辽宁、吉林、新疆、内蒙古、宁夏、青海、甘肃、陕西、山西、河北、山东、河南、江苏和安徽等省（市、区），水稻栽培面积约占全国水稻栽培面积的20%，一般种植粳稻（品质好、商品率高）。

自改革开放以来，我国北方水稻生产由传统生产向现代生产发展，实现了主栽水稻品种多次更新换代，亩产由300 kg到500 kg的跃升，亩产800～900 kg的区域性示范性高产田和超高产田比比皆是。但是，有些地区由于受农民种植管理水平、片面追求高产的影响，不合理施肥和乱用农药现象经常发生，农作物病虫草害防治技术失当，造成产量损失达30%，而因稻米品质下降造成的经济损失更大，导致农业环境面源污染和稻米农药残留超标。因此，采取北方水稻土壤养护、培肥、修复（包括秸秆还田、轮作、休耕、增施微生物肥料等）、农作物病虫草害高效低残留综合防治技术、水稻生产机械化和贯彻"从田间到餐桌"的全程质量控制等措施，已经成为进一步发展我国北方水稻生产的中心任务。北方水稻栽培的土壤养护、培肥、修复和农作物病虫草害处方化防治新技术具有安全、高效、生态、低成本等优点，因此我们编写了《北方水稻栽培》，以供农业技术推广服务人员、农业生产资料经销人员和广大农民朋友参考。

本书包括北方水稻的生育特性、常见病虫草害、优良品种和多功能肥料（包括土壤调理剂、微生物肥料等）科学施用技术，以及当前国内外先进的农药产品等，体现了北方水稻生产的实用性、安全性和先进性。

　　由于编写时间紧迫，书中错误和疏漏之处在所难免，恳请广大读者批评指正。

编　者

目　录

第一章

概　述

一、我国水稻生产概况

我国是世界栽培稻的主要发源地之一，也是世界上种植水稻历史最长、水稻种植面积最大和稻谷总产量最多的国家。自1975年以来，全国水稻种植面积一直保持在3 300万 hm^2 左右，约占粮食作物总面积的30%；稻谷产量约占粮食总产量的50%，占全国商品粮的一半以上。1991年以来，全国约有2/3的人口以稻米为主食。因此，水稻生产在我国国民经济中占有举足轻重的地位。

我国水稻生产发展较快，1984年总产达到17 826万 t，单产达到358 kg，小面积平均单产825 kg，还有一季单产高达1 t的报道。2001年我国稻谷播种面积稳定在3 000万 hm^2，占粮食播种面积的27.6%，稻谷产量达到18 791万 t，占粮食产量的40.7%左右。我国2015年播种面积30 213.2千 hm^2，稻谷产量20 824.5万 t。

（一）水稻分布广，适应性强

水稻在我国分布极广，南至海南岛，北至黑龙江黑河地区，东至台湾，西达新疆，低至海平面以下的东南沿海潮田，均有水稻种植。在有水源的条件下，不论酸地、碱地、盐地、排水不良的低洼沼泽地带，还是海拔2 600 m以上的高原，都可种植水稻。

（二）水稻生产潜力大，营养价值高

水稻是高产作物，品种资源丰富，适应性和抗逆性都很强。首先，水稻具有完整的通气组织，可将地上部分吸收的氧气供给根系生长，所以能在水层下栽培，可通过人为调节水层深度来控制水稻的生长发育；其次，水稻的营养生长和生殖生长比较协调，经济系数高达50%，有些矮秆品种可高达70%，而玉米、小麦和大豆等作物的经济系数一般为30%～40%，所以水稻极易高产稳产；第三，水稻是适合高度密植的作物，一般每亩成穗30万～40万，每穗结实70～80粒，杂交水稻每穗平均可达150粒，故穗多、穗大和粒多都是水稻高产的主导因素；第四，稻米的营养价值高，一般含水分12.9%、淀粉77.6%、蛋白质7.3%（少数品种最高含量可达15%）、脂肪1.1%、粗纤维0.3%和灰分0.8%。稻米的淀粉粒特小，仅为3～10 μm，粗纤维含量少，蛋白质的生物价很高。因此，大米不仅细腻可口，而且易于消化吸收，易满足人体的营养需求。

（三）稻谷副产品用途广

稻谷加工后的副产品综合利用范围广，如米糠含有14%蛋白质、15%脂肪、20%磷化合物和多种维生素等，是家畜的精饲料。工业上还可用米糠来酿酒和提取糠油，医药上可提取脑磷素和维生素等。谷壳可用来加工装饰板等建筑材料，提取多种化工原料。稻草除作家畜的粗饲料外，还可用于编织或作为造纸和人造纤维的原料。

二、稻种的起源、类型和水稻产区划分

（一）栽培稻种的起源

栽培稻种属禾本科、稻属植物，目前世界稻属植物有20～25个种，但栽培的只有普通栽培稻和非洲栽培稻。普通栽培稻分布广、类型多、丰产性好，非洲栽培稻只局限于西非一带。我国大部分水稻都属于普通栽培稻。

栽培稻是由野生稻进化而来的，我国有普通野生稻、药用野生稻、疣粒野生稻。这3种野生稻的亲缘关系较远，生长习性也各不相同，其中普通野生稻是普通栽培稻的祖先。关于普通栽培稻的起源地，多数研究认为位于喜马拉雅山南麓的印度阿萨姆、尼泊尔、缅甸北部、老挝和中国西南部。

（二）栽培稻的生态类型

水稻为多型性和多态性植物，据不完全统计，我国栽培稻有4万多种，可分为籼稻亚种和粳稻亚种，早、中季稻和晚季稻，水稻和陆稻，黏稻和糯稻变种，以及一般栽培品种，共五级。

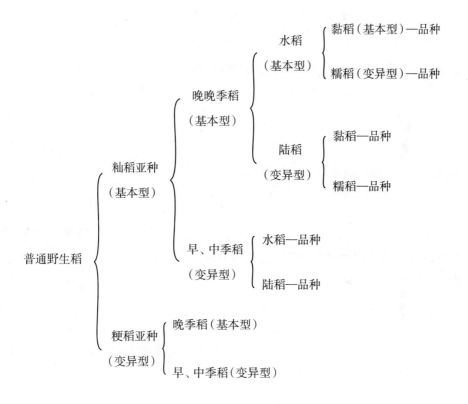

1. 籼稻和粳稻

籼稻是最早由野生稻演变而来的栽培稻，故籼稻为栽培稻的基本型。粳稻则是由人们从不同生态条件下的籼稻中，通过培育选择而成的变异型。籼稻和粳稻在地理分布、形态和生理性状等方面都有明显不同，且杂交后的子代结实率低，多数在30%以下（表1）。

表 1 　　　　　　　　　　籼稻和粳稻的主要区别

项　目		籼稻亚种	粳稻亚种
形态特征	谷粒、米粒形状	细长而较扁平	宽厚而短，横切面近圆形
	叶片幅度和色泽	叶片较宽，叶色较浅	叶片较窄，叶色较深
	叶的开度	顶叶开度小	顶叶开度较大
	叶毛多少	一般叶毛较多	一般叶毛较少，甚至无毛
	茎秆粗细	茎秆较粗，茎壁较薄	茎秆较细，茎壁较厚
	颖壳	颖壳较薄，颖毛短而稀	颖壳较厚，一般颖毛长而密
生理特性	耐寒力	较不耐寒	较耐寒
	发芽快慢	12℃以上发芽，发芽较快	10℃以上发芽，发芽较慢
栽培特点	分蘖力	分蘖力较强，易繁茂	分蘖力较弱，不易繁茂
	耐肥和抗倒伏力	一般较不耐肥，易倒伏	一般较耐肥，不易倒伏
抗病虫力	抗稻瘟病力	一般较强	一般较弱
	抗白叶枯病力	一般较弱	一般较强
经济特性	落粒性	易落粒	不易落粒
	出米率	出米率较低，碎米多	出米率高，碎米少
	米质	黏性小，胀性大	黏性较强，胀性小

2. 早、中稻和晚季稻

根据生育期长短分为早、中稻和晚季稻，全生育期（从播种至成熟）在 125 d 以内的为早熟种，125～150 d 为中熟种，150 d 以上为晚熟种。晚稻具有喜温和短日照的发育特性，而早、中稻具有感光性弱的发育特性，所以早、中稻和晚季稻为季节气候的生态型。这与双季稻的早、晚稻不是同一概念，双季稻的早、晚稻是指种植季节的早晚。在双季稻区，早茬应选用感光性弱势早稻品种，而晚茬应选用感光性强的晚稻品种。

3. 水稻和陆稻

陆稻是人们对不同土壤水分条件影响下的水稻进行选择驯化培育而成的，具有耐旱特性的土壤生态型，属变异型。水稻与陆稻的主要差别在于品种的耐旱性不同。据余叔文等研究，无论水稻或陆稻，在有水层的土壤上都生长良好、产量高，在旱地栽培时生长和产量都受到抑制，但陆稻的受抑制程度小，表现出耐旱性较强的生理特性。

此外，在我国栽培的水稻类型中，还有适应更深水层的深水稻（水层深51～100 cm）和浮水稻（水层深101～600 cm）。

4. 黏稻和糯稻

在籼、粳、晚、早、水、陆稻中，都有黏稻和糯稻两种类型，主要区别是米粒内不同的淀粉结构。黏米含直链淀粉10%～30%，其余为支链淀粉，糊化时需温度较高，需时间较长；糯稻米内几乎全为支链淀粉，较易糊化，故而发黏。糯稻由黏稻演变而来，黏稻为基本型，糯稻为变异型。一般糯稻产量低于同类型的非糯品种。根据米质的黏性强度从低到高排列，依次为粳糯稻、籼糯稻、粳黏稻、籼黏稻。

（三）北方水稻产区划分和种植制度

秦岭和淮河以北统称为北方水稻区，根据地理条件和水稻生产特点，我国北方水稻可分为3个区。

（1）华北单季稻稻作区：位于秦岭、淮河以北，长城以南，关中平原以东，包括京、津、冀、鲁、豫和晋、陕、苏、皖部分地区，该区水稻面积仅占全国的3%。

（2）东北早熟单季稻稻作区：包括黑龙江、吉林全部，辽宁大部及内蒙古东北部，水稻面积占全国的3%。

（3）西北干燥区单季稻稻作区：位于大兴安岭以西，长城、祁连山与青藏高原以北，银川平原、河套平原、天山南北盆地的边缘地带，该区水稻面积占全国的0.5%。

第二章

水稻生长对环境条件的要求

一、水稻品种的光温反应特性

（一）水稻的"三性"

水稻整个生育期分为营养生长期和生殖生长期，一般生殖生长期比较稳定，营养生长期则受温度和光照条件的影响较大。营养生长期又可分为基本营养生长期和可变营养生长期，前者是水稻正常生长所必需的天数，后者是随环境条件变化生长改变的天数。影响水稻可变营养生长期的环境因素主要是高温和短日照，这便形成了水稻对光温反应的特性。

感光性、感温性和基本营养生长性合称为水稻的"三性"。不同水稻品种"三性"的强弱不同，这也决定了生育期的长短。一般用"光温反应型"来表示某一具体品种的"三性"关系，把高温、短日照条件下从播种到出穗最短的天数称为"高温短日生育期"，可用来反映水稻品种的基本营养生长性，因此，水稻"三性"亦可称为"二性一期"。

1. 感光性

水稻因受日照长短的影响而改变生长速度的特性，称为感光性。水稻为短日照作物，当日照缩短时，幼穗分化可提前，营养生长期缩短；反之，则延长营养生长期。

　　水稻的感光性，是稻茎顶端的生长点完成了光周期诱导，发生质变后才体现出来的。对水稻开花起诱导的主要是长暗期作用，即必须超过某一临界暗期（或短于某日长），才能引起生长点的质变，由营养生长转向生殖生长，该日长称为该品种的幼穗分化与出穗临界日长。光照缩短，暗期加长，光周期诱导加快，幼穗分化提前；反之，幼穗分化则延迟。

　　早、中稻无一定的出穗临界日长，在短日照条件、长日照条件下都可正常出穗，对光周期反应属中性类型。晚稻品种都是短日照促进出穗，长日照延迟出穗，多数有严格的幼穗分化和出穗的临界日长，对光周期的反应属短日性类型。

2. 感温性

　　水稻是喜温作物。在高温时幼穗分化提前，缩短营养生长期；低温则延迟幼穗分化，延长营养生长期。水稻因受温度影响而改变生育期的特性，称为感温性。

　　水稻的感温性，是由于每完成一个阶段发育都需要一个最低的总热量，使生长点发生质变。这种总热量通常以有效积温来表示。不同类型的水稻品种对有效积温的要求是一定的，且相当稳定。据华东农业大学对早粳农垦8号在不同地区栽培的试验结果，有效积温为$1\,190 \pm 15℃$，变幅仅为1.3%。当温度升高时，满足有效积温所要求的时间便相对减少，生育期就缩短；温度降低，满足有效积温所需的时间增多，生育期就延长。

3. 基本营养生长性

　　水稻在高温和短日照条件下都不能再缩短的营养生长期，称为基本营养生长期，这种特性称为基本营养生长性。

　　水稻必须在生长到某一阶段后才感受到高温和短日照的影响。一般水稻要长到四叶期，最早也要到三叶期，晚的要到分蘖期，才有感光能力。这样水稻便有一段不受光温影响的时期，即存在基本营养生长性。

（二）不同地区水稻的光温反应

　　由于我国各地区的光温条件不同，形成了水稻不同的光温反应。在东北和西北地区气温较低、日照很长、生长季节极短条件下，水稻品种都是感温性强，而感光弱。华北地区的水稻都是感温性品种，由于中、晚熟品种在日照开始由长变短条件下完成发育,故具有中等感光性。在华中、华南地区光照短、温度高条件下,一般晚稻品种具有基本营养生长性小,而感温性和感光性强的特性。早稻是由晚稻演变而来的,对短日照不再敏感,因此,具有基本营养生长性较小、感光性弱、感温性较强的特点。中稻品种依其"三性"表现为晚稻和早稻的过渡类型。江苏省农业科学研究院曾对一些早、中、晚稻的光温反应特性进行过试验研究,如表2所示。

表2   早、中、晚稻的光温反应特性

类型	供试品种（个）	营养生长期（d）	基本营养生长期（d）	可变营养生长期（d）	在可变营养生长期	
					较高温度所缩短天数（d）	短日照所缩短天数（d）
早籼	6	69.5	46.2	23.3	24.0	−0.7
中籼	5	96.8	60.6	36.2	20.8	15.4
早粳	10	67.8	47.4	20.4	20.3	0.1
早熟中粳	4	88.7	47.0	39.7	26.5	13.2
中熟中粳	12	100.9	46.5	54.4	32.4	22.0
晚熟中粳	6	109.8	44.7	65.1	35.5	29.6
晚粳	6	121.5	44.0	77.3	34.3	43.0

注:①营养生长期、基本营养生长期均是播种到出穗的天数,比实际天数多30 d左右。

②中国水稻品种光温生态研究整理小组,把不同品种的"三性"变异范围划分为9级:以1~3级为弱或短,4~6级为中,7~9级为强或长。如"山东小红芒"的光温反应型为"6-2-5",即感光性中等偏强,短日照高温生育期短,感温性中等。

(三)水稻"三性"在生产中的应用

1. 栽培应用

根据水稻的光温反应特性,做好品种搭配,与一定的耕作制度配套。感温性强的早熟品种,尽可能适期早播、早插,秧龄较短并适当密植,早施肥,促进早发;相反,如果秧龄较长或播种推迟,则生育期缩短,营养生长量不足,会造成株矮穗小,产量不高。南方的晚稻类型品种感光性极强,在满足热量的条件下,出穗期比较稳定,早播并不早熟,要注意培育长秧龄壮秧和保证安全齐穗期等。

2. 引种应用

凡是对光温反应比较迟钝的品种，适应范围就比较广，只要生长季节有保证，引种就比较容易成功。水稻南种北引，由于生育期延长，为能安全齐穗，以引用比较早熟的品种为宜。北稻南移，营养生长缩短，提早成熟，为获得高产，宜引用比较迟熟的品种。

梁光商(1978年)提出水稻适应气候规律：由南向北，纬度每增加1℃，品种出穗日数平均延迟2.4 d；由低海拔到高海拔每增加100 m，品种出穗平均延迟2.4 d。根据此规律预估品种出穗期，决定引种方法与品种。

根据水稻"三性"，利用短日照、高温处理杂交后代，加速世代繁殖，缩短育种年限。采用遮光调节花期，以便杂交和"三系"育种制种。

二、北方积温带

1. 有效积温

有效积温是指对作物生长具有效果的温度。如水稻最低发芽温度为10℃，那么大于10℃的温度为有效积温，低于10℃为无效积温。秋天大于13℃的温度对于水稻为有效积温，低于13℃为无效积温。

2. ≥10℃的积温

春季温度上升并稳定通过10℃之后，至秋天温度下降稳定通过10℃的这段时期，每天温度的总和就是≥10℃有效积温。一般难以测定作物的有效积温需要量，所以用≥10℃的积温来近似表达作物的有效积温。黑龙江从北至南≥10℃积温为1 900～3 000℃。

3. 北方积温带

例如，黑龙江水稻种植区划分为5个积温带：第一积温带，有效积温在2 700℃以上；第二积温带，有效积温在2 500～2 700℃；第三积温带，有效积温在2 300～2 500℃；第四积温带，有效积温在2 100～2 300℃；第五积温带，有效积温在1 900～2 100℃。

三、稻田土壤条件

(一)稻田土壤的特点

1.土壤的层次性

发育良好的水稻土,剖面结构可明显分为4层。

(1)耕作层:又称熟土层或淹育层,是在淹水条件下发育形成的土层,厚12~18 cm。它的表面极薄,因与新灌溉水层接触而呈氧化状态,因含高价铁而显黄褐色,称氧化层;氧化层以下的土层因淹水缺氧而处于还原状态,称还原层。耕作层的理化性状在很大程度上代表着土壤肥力。

(2)犁底层:稻田耕作层下为紧密不易透水的犁底层,厚10 cm。成因是耕作时犁底的压力和水耕、水耙时细土泥浆向下沉淀,堵塞了土壤孔隙,故犁底层亦称渗育层。犁底层起着保水保肥作用,但过于紧密也不利于水稻生长。

(3)心土层:心土层位于犁底层之下,地下水位之上。心土层呈棱块状,土体内密布锈色斑点,故亦称斑纹层或潴育层。在水稻生长期间,心土层的结构间隙虽为下渗水所充满,但微小的土粒孔隙中仍封闭着空气,使该层土壤处于氧化状态,这对协调水、气矛盾起着重要作用。

(4)底土层:底土层常年受地下水浸渍,终年处于还原状态,呈青灰色,故亦称青泥层或潜育层,土质黏重,保水性强。如底土层位置太高,则表示排水不良。

水稻各土层相互依存,构成一个有机整体。在新开稻田,这种土壤层次不明显。

2.水稻土的还原特性

水稻田淹水后,整个耕作层除表层外,均因缺氧而处于还原状态。水田土壤还原化过程影响着土壤肥力和水稻生长。

(1)有机质的变化:在淹水缺氧的情况下,有机质分解比较缓慢,腐殖化的程度较高。因此,有机肥料施入稻田后,肥效比较稳定,损失少,土壤的有机质含量高,但肥效发挥比较缓慢。同时,有机物进行嫌气分解产生多种有机酸,对稻根有毒害作用。有机酸进一步还原生成甲烷、乙烯等气体,乙烯对稻根生长也有抑制作用。土层还原性加强时,含硫有机物和硫酸盐还原为硫化氢,对稻根毒害更大。

（2）含氮物的变化：在土壤还原状态下，含氮有机物进行嫌气分解生成铵态氮，对水稻生长有利，因为水稻以利用铵态氮为主。同时，铵态氮是阳离子，容易被土壤胶体所吸附，不致流失。但水田中铵态氮的形成，只在还原化过程的初期比较活跃，后期就缓慢了。所以，稻田中施用化肥以铵态氮为主，避免施用硝态氮，硝态氮不易被稻根吸收，在水田中容易流失。特别是在土壤还原状态下，硝态氮容易发生硝化作用，造成氮素的大量损失。

（3）无机养分的变化：在稻田淹水条件下，三价铁被还原成为能溶于水的亚铁，能和硫化氢结合成硫化亚铁而沉淀，减轻其毒害，但土壤中亚铁含量过多，变成所谓"锈水田"，对水稻也是有害的；磷和硅则因有机物嫌气分解产生二氧化碳、有机酸，而提高溶解度；土壤复合体上的部分钾也被铁、锰、铵等离子所置换，而释放出来。

（4）酸碱度的变化：酸性强的水稻田淹水后酸碱度显著升高，而在碱性的稻田淹水后酸碱度有降低趋势，到最后平衡时趋向于中性。前者是由于还原层中的低价铁、锰和铵的氢氧化合物中和了土壤胶体上的氢离子，后者是由于有机酸、二氧化碳等的积累提高了氢离子的浓度。这种调节土壤酸碱度的作用亦有利于水稻生长，在还原化过程的初期有利，到后期则有害，也就是说土壤保持适度的还原性是有利的，而过度发展则有害。

此外，水稻土养分的积累一般比旱地快，尤其是有机质含量和含氮量积累较旱地多。

（二）水稻生长对土壤的要求

1.适度的土壤渗漏

稻田水分状况是影响土壤还原化程度和养分转化的重要因素。一般常把稻田水分为"爽水""漏水"和"囊水"3种，可以作为土壤好坏的依据。多数肥沃的水稻田为爽水田，具有适中的渗漏量和还原度，通气爽水、保水保肥。这种稻田既可更新土壤环境，改善土壤营养条件，又可为土壤补充氧气，将施入的肥料带入根际。漏水田的渗漏量过大，土壤还原程度低，既不保水，也不保肥。囊水田土壤渗漏性极差，还原性过强，水多气少，有毒物质积累多，均不利于水稻生长。

2.良好的土体构造

肥沃水稻土具有深厚的耕作层,发育的犁底层,垂直节理很明显的心土层和保水性较好的底土层。要求耕作层厚20 cm,养分充足,耕性良好,软而不烂,深而不陷,干耕时土堡易松散;犁底层紧密坚实,干时能开裂细缝,湿时能闭合,既滞水又透水;心土层透水性良好,水气协调;底土层保水性强,地下水位适中。这种土壤环境和协调的土体构造,既利于水稻根系活动,又有利于养分的释放和供应,肥效稳长,易于调节管理,发小苗,也发老苗,确保高产稳产。

3.协调的土壤养分

稻田土壤养分不仅要求量多,而且要协调。肥沃水稻土的有机质含量为2%~4%,全氮量为0.13%~0.23%,全磷、全钾量分别在0.1%和1.5%以上。肥沃的水稻土还要具有良好的养分供应能力,保证肥效稳定,能充分满足水稻各生育阶段对养分的需要。据研究,这与肥沃水稻土具有较高的阳离子交换量有关,一般每100 g土为10~25 mg当量,低于这个数值都为保肥性差的轻质土壤,高于此值则为土质黏重。

土壤的其他因素也影响肥效发挥,如稻田土壤酸碱度近中性,pH 6.0~7.5。

4.田面平整

水稻系淹水栽培,灌溉频繁,除必须具有完备的灌排系统外,还要求田面平整,高低差不超过3 cm,以达到灌水均匀,即"寸水棵棵到"。晒田时排水及时,田中无积水。

此外,稻田土壤硝化细菌、氨化细菌、好气性纤维分解菌和反硫化细菌等的含量应较多,而反硝化细菌少。

(三)稻田整地

1.稻田整地的基本要求

稻田整地包括耕、耙、耖3种基本作业,分别达到深、松、平的要求。

稻田深耕除有改良土壤理化性质,减少杂草病虫,有利于稻根深扎等优点外,还能降低稻田犁底层,加深耕作层,从而可以较多地容纳水肥,增强稻田蓄水、保水和抗旱能力。稻田深耕还能增加土壤的透水性,适当减弱土壤的还原性。由于稻根主要分布在20 cm深的土层内，故耕深以16~23 cm为宜。一般秋、冬耕宜深，春耕宜浅，旱耕可深，接近插秧前耕地宜浅。

稻田耕地有干耕和水耕之分。干耕利于耕深、耕透和耕后晒垡，可促使土壤熟化，改善土粒结构，增加土壤有效养分；水耕则可使土壤软、肥、水混合，便于耕碎耖平。一般宜先干耕、晒垡或冻垡，然后水耕。

稻田耕地也有干耙和水耙之分。干耙结合干耕进行，主要作用是碎土；水耙结合水耕进行，主要作用是起浆。稻田经过干耙、水耙结合，精耕细耙，使土块充分松碎。微小颗粒沉淀下去，可以把土壤孔隙堵塞，促使犁底层形成，减少渗漏，保水保肥。

耖田指耖平田面，还要铲光田埂，填好田坎，防止渗漏。

2. 稻田整地要点

(1)冬闲田：秋季前作收获后，应早耕翻并深耕。北方地区的冬闲田，耕后不耙，进行冻垡和晒垡，促使土质变好。南方的冬闲田争取冬前耕两次，头次耕深，二次耕可浅些。再冻垡晒田。冬耕田，在早春再浅耕、干耕、干耙1~2次，插秧前放水泡田，并水耕水耙，耖平田面，准备插秧。

(2)盐碱地：一般在冬耕后不再春耕，只干耙1~2次，甚至不耙，使盐分集中在表层，使垡条内部盐分集中到垡面上，以利于泡田洗碱。

(3)麦茬田：由于收麦插秧时间紧迫，必须随收随耕，争取先干耕，再水耙耖平。

四、水稻施肥技术

(一)水稻所需矿物质营养元素

1. 氮

氮是组成水稻细胞原生质(蛋白质)和叶绿素的主要成分。在施氮肥后，水稻的叶色加深，就是光合作用加快，叶绿素含量增加的缘故。水稻对氮素营养十分敏感，氮素是决定水稻产量的主要因素。水稻一生中在体内保持较高的氮素浓度，这是高产水稻所需要的营养生理特性。水稻对氮素的吸收有两个明显的高峰：一是水稻分蘖期，即插秧后两周；二是插秧后7~8周，如果氮素供应不足，常会引起颖花退化，而不利于高产。

氮主要是以铵离子(NH_4^+)为水稻根所吸收，合成氨基酸，再输送到叶部，合成蛋白质。水稻在氮素不足时，由于蛋白质和叶绿素合成受阻，表现植株矮小，叶小色黄，分蘖少，稻穗短小。植株缺氮则表现早衰，使叶片功能下降，特别是在水稻生育后期往往严重影响产量。氮素过多也对水稻的正常生长不利，造成叶片过大过长，无效分蘖增多，易倒伏；氮素过多则蛋白质合成过多，铵态氮和可溶性氮增加，使水稻对病虫害抵抗力减弱，易感染稻瘟病。

2. 磷

磷是植物核酸的主要成分，磷可促进植物分蘖。磷是三磷酸腺苷（ATP）和二磷酸腺苷（ADP）的组成成分，对能量传递和贮藏起着重要作用。磷对淀粉和纤维素的合成也有重要作用。磷还有促进氮的吸收作用。分蘖期增施磷肥，可有效克服僵苗不发的现象。磷在水稻体内是最易转移和多次利用的元素。

水稻对磷的吸收量远比氮低，平均为氮量的一半。水稻对磷素是早期吸收，逐渐利用。水稻在各生育期均需磷素，磷素的吸收规律与氮素吸收相似。以幼苗期和分蘖期吸收最多，插秧后3周前后为吸收高峰。此时在水稻体内的积累量占全生育期总磷量的54%，分蘖盛期每克干物质重含 P_2O_5 最高，约为2.4 mg。此时磷素营养不足，对水稻分蘖数和植株干物质的积累均有影响。水稻苗期吸收的磷，可反复多次从衰老器官向新生器官转移，至稻谷黄熟时，有60%～80%磷素转移集中于籽粒中，而出穗后吸收的磷多数残留于根部。

磷在水稻植株体内主要以磷酸氢根离子(HPO_4^{-2})存在，水稻也能吸收偏磷酸根离子(PO_3^-)、焦磷酸根离子($P_2O_7^{-4}$)和某些含磷有机物。

水稻缺磷表现：叶片细长，呈暗绿色，严重时有赤褐色斑点，会产生花青苷的品种，叶片会变为深红色或紫色；根系发育不良，分蘖少，生育期延迟；株高降低，发育状况差。但氮、磷肥过多施用，也易感染稻瘟病。

3. 钾

钾与糖类的合成、运输有密切关系，特别是与合成核酸、蛋白质、淀粉、纤维素、木质素等多糖物质关系更加密切。钾能提高光合强度。钾素供应充足，有利于子粒饱满和机械组织的发育，使水稻茎秆坚韧，抗倒伏能力强。

水稻对钾的吸收量高于氮，表明水稻需要较多钾素，但在水稻抽穗开花前对钾的吸收已基本完成。幼苗对钾素的吸收量不高，植株体内钾含量为0.5%~1.5%不影响正常分蘖。钾的吸收高峰是在分蘖盛期到拔节期，此时茎、叶含钾量保持在2%以上。在水稻孕穗期，茎、叶含钾量不足1.2%，颖花数会显著减少。出穗期至收获期，茎、叶中的钾并不像氮、磷那样向子粒集中，含量为1.2%~2.0%。所以，钾肥底深施或在水稻拔节前施用比较适宜。

钾与氮、磷不同，它不参与水稻体内重要有机物质的组成，主要以溶解的无机盐形式（即离子状态）存在，或以游离状态被胶体不稳定吸附。

水稻在缺钾时叶色暗绿，株高降低，叶片出现棕色斑点或不正常的皱纹，叶尖及边缘弯曲，最后焦枯。缺钾的植株，由于钾往往向靠近生长点的分生组织转运，往往是下部叶片首先焦枯，逐步向上部叶片发展。水稻缺钾，降低了对胡麻叶斑病、白叶枯病的抵抗力，茎秆软弱，易倒伏。水稻缺钾引起的减产，以分蘖盛期和幼穗形成期较为显著，应及时施钾肥。

4. 硅

硅对于水稻来说是第四大元素，水稻一生中可吸收大量的硅，茎叶中的硅含量可达干重的10%~20%。硅在水稻茎叶的表皮细胞外沉积，使表皮细胞硅质化，增强了水稻对病虫害的抵抗力，减少了叶面蒸腾，有利于防止倒伏；硅能增进根的氧化能力，促进根对其他养分的吸收；硅能够促进水稻幼穗的分化，增加水稻穗粒数；硅可有效促进水稻生长和增加叶面积，提高光合强度，增加水稻的千粒重；硅还能减轻过量铁、锰对水稻的毒害。

水稻缺硅时，表皮细胞积累的硅减少，导致稻瘟病、胡麻叶斑病菌从表皮侵入；当稻粒的表皮细胞硅化不良时，受上述病菌侵染，在表皮形成褐色斑点，使穗感染病害。

5. 钙

钙是构成水稻细胞壁的主要成分之一，约60%的钙集中于细胞壁中。水稻叶中含钙（CaO）量为0.3%~0.7%，穗中含钙量成熟期下降至0.1%以下。

水稻缺钙首先表现在新根、幼叶和生长点等分生组织上。严重缺钙时，根系表现发育不良，植株变矮，上位叶片表现变白、卷曲，生长点死亡。

6. 镁

镁是水稻叶绿素的主要成分之一，也是多种酶的活化剂。水稻茎叶中的含镁量（MgO）为 0.5%～1.2%，穗部含镁量低。

镁是可移动元素，缺镁症状从老叶开始，叶绿素不能形成，叶脉黄绿色，叶尖先枯死。

7. 锌

锌是生长素合成必不可少的元素，在植株体内也是氧化还原的催化剂，是多种酶的组成部分，能催化叶绿素的合成，参与碳水化合物的合成与转化。锌在水稻体内含量虽少，水稻叶片干重的含锌量底限为 15 mg/kg，但它对水稻生长发育的影响很大，能促进缓秧，防止缩苗，增加分蘖，提高水稻的抗病性、抗寒性和耐盐能力。

水稻缺锌的表现：在苗期易发生坐蔸现象，叶片呈淡绿色；根系老朽，呈褐色；出叶速度缓慢，新叶短而窄，叶色褪淡，老叶发脆易折断；有效分蘖少，花期不孕，迟熟，成熟时空秕率高，造成严重减产。

8. 铁

铁主要参与叶绿素的合成，也促进水稻体内的呼吸作用，影响与能量有关的生理活动。水稻体内含铁较低，叶片中含铁量为 200～400 mg/kg，老叶比嫩叶要多。

缺铁现象先从嫩叶开始，叶绿素不能形成，出现失绿现象，而老叶仍正常。

9. 硼

硼是水稻必需的营养元素之一，但水稻对硼的需求极少。硼肥能促进碳水化合物的运转、繁殖器官的正常发育、花粉萌发和花粉管的生长以及授粉受精，提高结实率。

10. 锰

锰是水稻含量较多的一种微量元素，能促进种子的萌发和生长，增加淀粉酶的活力。叶绿素中不含锰，但锰能促进叶绿素的形成。嫩叶中含锰量为 500 mg/kg，老叶含锰量为 1 600 mg/kg。

缺锰时叶绿素形成受阻,光合强度显著受到抑制,而且植株矮小,分蘖少,叶窄而小,严重褪绿,出现由黄绿色变为深棕色的斑点,继而坏死,嫩叶最为严重。

(二)水稻需肥规律

1. 水稻对矿物质营养元素的吸收量

水稻对氮、磷、钾三要素的吸收量,常按收获物中的含量来计算。根据各地对水稻收获物成分分析结果,亩产稻谷500 kg,约需自土壤中吸收氮(N)8.1 ~ 12.7 kg,磷(P_2O_5)3.8 ~ 5.8 kg,钾(K_2O)10.6 ~ 15.1 kg,氮:磷:钾约为2:1:3。其中,粳稻比籼稻、晚稻比早稻、北方稻比南方稻需氮较多,而需钾较少(表3)。

表3　　　　　　生产500 kg稻谷氮、磷、钾需要量(单位:kg)

地区		水稻类型	N	P_2O_5	K_2O
中国	华南	双季早籼稻	8.1	5.5	15.1
		双季晚籼稻	11.7	5.0	13.2
	长江流域	单季中籼稻	10.7	4.6	13.2
	华北	单季中粳稻	12.4	5.8	10.6
日本		单季粳稻	12.7	3.8	11.2

注:引自《作物栽培学各论:北方本(第二版)》。

水稻除需要氮、磷、钾三要素外,硅的吸收量也很大。据分析,每收获500 kg稻谷,需吸收硅88 ~ 100 kg,故水稻有"硅酸植物"之称。同时水稻生长也需要钙、镁、硫、铁和锌、锰、铜、钼、硼等微量元素。在实际水稻生产中,要注意各种元素的协调性或某些微量元素的重点施用。

2. 水稻对矿物质营养元素的吸收时期

(1)不同水稻生育期的养分含有率:据中国科学院土壤研究所的研究结果,南方早稻和中稻的含氮量在返青期最高,晚稻则分蘖期的含氮量最大,晚稻的含氮量高于早稻。在水稻全生育期磷含量变幅较小,无论早、中、晚稻均以拔节期含磷量最高。含钾量最高值出现在分蘖盛期到拔节期,早稻高于晚稻。这种情况表明，水稻对氮肥的需求早于磷肥和钾肥。早稻和晚稻相比，前者需氮较早，但需要量较少；后者则需氮较多，需钾较少。

（2）不同水稻生育对养分的吸收量：根据对各地不同水稻品种的分析结果，稻株体内积累的无机养分，大部分是在抽穗开花前的长穗期和分蘖期吸收的（表4）。早稻和晚稻相比，早稻前期吸收最多；氮素和磷钾相比，前期吸收氮素较多。特别是东北地区的水稻，分蘖期吸收的氮素，便已达到一生总吸收量的79.4%，反映了北方寒冷地区的稻作特点。

表4 　　　　　　　　　　　不同类型水稻各生育期三要素的吸收率（%）

水稻类型	养分种类	分蘖期		长穗期		结实期	
		本期吸收	累计	本期吸收	累计	本期吸收	累计
南方早稻	N	35.5	35.5	48.6	84.1	15.9	100
	P_2O_5	18.7	18.7	57.0	75.7	24.3	100
	K_2O	21.9	21.9	61.9	83.8	16.2	100
南方晚稻	N	22.3	22.3	58.7	81.0	19.0	100
	P_2O_5	15.9	15.9	47.4	63.3	36.7	100
	K_2O	20.5	20.5	51.8	72.3	27.7	100
东北早稻	N	79.40	79.4	11.02	90.42	9.58	100
	P_2O_5	41.26	41.26	26.26	67.52	32.48	100
	K_2O	40.96	40.96	59.04	100.0	0	100

注：引自《作物栽培学各论：北方本（第二版）》。

（三）稻田的供肥性能

1. 稻田土壤供肥量

浙江、上海、辽宁等地农业科学院1974～1975年采用 ^{15}N 标记土壤氮和湖北1975年用 ^{32}P 标记土壤磷试验表明，水稻吸收氮的59%～84%、磷的58%～83%来自土壤。氮、磷供给量决定了土壤养分的贮存量及其有效化状况，前者称为供应容量，后者则称为供应强度。供应容量与土壤有机质含量、母质成分和灌溉水质等状况有关，供应强度则受土壤有机质的性质、土壤结构、酸碱度、氧化还原电位、微生物组成、土壤温度等的影响，尤其与有机质含量的关系最大。如果有机质含量高，C/N 比低，分解容易，则供应容量和供应强度都较大。一般新稻区土壤有机质少，但土壤通气性好，有机质分解快，故养分供应容量小而强度大；滨海盐碱地土质黏重，地下水位高，有机质含量低，分解又慢，故养分供应容量与供应强度均低。供应状况还与季节有关，南方早稻和北方春稻插秧时气温低，有机质分解慢，养分供应强度低，但随着气温的升高供应强度逐渐增大。南方晚稻和北方麦茬稻插秧时正值高温季节，有机质分解快，供应强度大。

2.稻田肥料的利用率

施入稻田的肥料，被水稻吸收利用的部分占施用肥料的比率，称为肥料利用率。稻田施肥后，土壤溶液中养分浓度增加，但随着养分的吸收利用逐渐减少而恢复到原来程度，这段时间称为肥效期。

以氮素为例，利用率计算公式如下：

$$肥料利用率（\%）= \frac{施氮区稻吸收的氮素量 - 对照区稻吸收的氮素量}{施用氮素量} \times 100$$

稻田的肥料利用率和肥效期，与肥料种类、土壤环境、施肥方法等有密切关系。一般氮、钾化肥的利用率为30%～60%，磷肥则为12%～20%。氮素化肥中，以硫酸铵的利用率为最高。如以硫酸铵在稻田的利用率为100，则氯化铵为95，尿素为93，硝酸铵为30。各种有机肥料因其 C/N 比和腐熟程度不同，利用率也有很大差别。据湖南省农业科学院试验，当季稻对几种肥料的氮素利用率如下：硫酸铵为38.66%，绿肥紫云英为38.2%，猪粪为17.0%，牛粪为10.63%。这表明绿肥的利用率较高。

不同水稻生育期的施肥利用率也有较大差异，这主要与根量和气候条件有关。据和田等试验结果，在水稻出穗前氮肥施用越早，利用率越低，但肥效期长。以穗分化开始到减数分裂期施肥的利用率最高，因为正值根系最大、温度最高的时期；肥效期则以分蘖期施用为最长。

施用方法和肥料利用率亦有密切关系。根据中国科学院土壤研究所放射性磷试验结果，磷肥撒施时因被土壤固定，利用率仅为7.4%，如集中施到根部，利用率则可达22.4%。

(四)水稻施肥技术

1. 高产稻田施肥量

根据计划水稻产量,利用下式求出理论施肥量:

$$稻田施肥量 = \frac{计划产量施肥量 - 土壤供肥量}{肥料利用率}$$

综合我国各地试验结果,在施用绿肥或其他优质农家肥料的情况下,亩产稻谷500 kg以上的高产田,施氮量为15 kg以上;亩产400～500 kg,施氮量为12.5～15.0 kg;亩产300～400 kg,施氮量为7.5～12.5 kg。据日本统计,亩产650 kg以上的高产稻田,平均亩施氮(N)16 kg、磷(P_2O_5)12 kg、钾(K_2O)18 kg,结果与我国稻田类似。

2. 稻田施肥法

一般稻田的施肥原则是施足基肥、普施面肥、早施追肥。但20世纪20年代以后,随着工业的快速发展,化学肥料用量增加,水稻产量水平大幅度提高,相应生产成本增加。因此,从高产、低成本、省力、减少污染等方面出发,先后提出了各种施肥法:使氮素化肥肥效持久、供应缓和的分层施肥法;松岛省三的"两头促、中间控"的V型施肥法;以控制穗数、粒数,提高结实率和粒重为重点的片仓式施肥法;能提高有效分蘖率,增加结实率和成熟度,提高肥料利用率的深层追肥法;提高肥料利用率,减少污染且省力的侧深施肥法。我国北方水稻产区大致可分为以下4种施肥方式:

(1)攻前保后法:即重施基肥,基肥用量占总施肥量的80%以上,并早施重施分蘖肥,酌情施用穗肥,这种施肥方法增穗,适当争取粒数和千粒重。凡生育期短的地区或品种,如东北地区的早熟稻、华北地区麦茬稻、南方早稻大都采用这种施肥法。

(2)前促中控施肥法:一般基肥占总施肥量的70%～80%,并重施分蘖肥和穗肥,在分蘖末、穗分化开始控制施肥,所谓"攻头、保尾、控中间"。这种施肥法穗、粒并重,既要争取穗多,又要增多粒数,一般中稻常用这种施肥法。

(3)前保中促施肥法:即适量施用基肥和分蘖肥,合理施穗肥,酌情施粒肥,所谓"前轻、中重、后补足"。这种施肥法是在保证足够穗数的基础上，主攻穗大、粒饱。南方生育期长的单季晚稻常采用这种施肥法。

（4）侧深施肥法：水稻侧深施肥技术是结合插秧机插秧，将基肥或基蘖肥或基蘖穗肥施在距稻株根侧 3 cm、深 5 cm 处，是一项培肥地力、减肥、省力、节本、增效的技术综合措施。该施肥法肥料利用率高，环境污染轻。侧深施肥将肥料呈条状集中施于耕层中，距离水稻根侧附近，有利于根系吸收，有效减少了肥料淋失，提高了土壤对铵态氮的吸附；稻田表层氮、磷等元素较常规施肥少，藻类、水绵等明显减少，行间杂草长势弱，既减少了肥料浪费，又减轻了环境污染。据调查，侧深施肥肥料利用率达50%，较常规施肥提高15%～20%。所以，对于中等肥力以上的地块侧深施肥时，专用肥亩用量应较常量减少10%，以免后期发生倒伏。

②前期营养生长足，光合能力强。使用侧深施肥技术的水稻前期营养充足，返青快、分蘖多，在低温年、冷水田或排水不良的情况下，也可保证水稻前期的充足茎数和生长量，保证了水稻高产稳产。经田间对比调查测定，在同等施肥水平下，侧深施肥较常规施肥分蘖数增加3%～6%，株高增加 1～3 cm，叶色浓绿，叶面积指数、叶绿素含量高，光合能力强。

③无效分蘖少，抗性增强。侧深施肥比较集中，水稻返青后可以直接吸收利用，促进前期营养生长，水稻返青分蘖快、分蘖多。当水稻分蘖茎数达到预期时，就可以提前适时晾田，控制无效分蘖，向土壤中通氧，保持根系活力，使水稻茎秆强度增加，抗病、抗倒伏能力增加。据调查，侧深施肥地块水稻蘖茎数90%以上可成穗，每平方米有效穗较常规施肥增加10～20穗。

④劳动成本低，增产增效。侧深施肥实现了插秧同步施肥，减少了人工作业的次数，相比传统施肥减少了用工量。同时，侧深施肥可显著增加水稻产量，从而实现增产增效的目的。大量调查数据表明，在同等施肥水平下，水稻侧深施肥较常规施肥穗长增加0.4～0.8 cm，穗粒数增加2～4粒，千粒重增加0.1～0.2 g，平均亩增产6%～8%。

水稻侧深施肥要求整地时要平，不过分水耙，埋好稻株残体等杂物，以防堵塞肥口。要求机械匀速作业，施肥量准确、均匀。按照水稻需肥规律、侧施需求及效果选择肥料配比，否则，会严重影响侧深施肥效果。

五、稻田灌溉

(一)水稻需水特点

1. 水分与光合作用

据中国科学院植物生理研究所测定,水稻在落干晒田初期,表层土壤水分为最大持水量的80%,光合作用强度减弱不明显;当土壤水分下降到80%以下时,光合作用强度较对照降低26.7%。在开花期间,稻田保持水层(深5 cm)水稻的光合强度比最大持水量90%的高12.1%~35.2%,可见土壤水分不足会影响光合作用。

2. 水分与蒸腾作用

蒸腾作用能促进水分、养分在植物体内的循环和根部的吸收作用。土壤水分供应不足,则蒸腾强度降低。据中国科学院植物研究所试验结果,在各种供氮水平下,一般水层灌溉的蒸腾强度均高于湿润灌溉处理,尤以低氮水平下差异更为显著。不同生育期蒸腾强度也不一样,在分蘖期低氮水平湿润灌溉的蒸腾强度反而高于水层灌溉,而到开花期有水层的显著高于90%田间降水量条件的。耶雷琴认为在分蘖期和成熟期,90%田间持水量的处理比淹水处理的蒸腾强度大,而开花期则相反。由此可见,水稻在不同时期对土壤水分的要求是不同的,较为敏感的是孕穗期和开花期。

3 水稻的生态需水

水稻实行水层灌溉,在水层下可造成土壤还原状态,有机物分解慢、积累多;氮素呈铵态存在,有利于土壤保存养分和稻根吸收;难溶性的无机养分(如磷、钾、硅等)在水层下也易释放。水层可调节田间小气候,防止高温、低温、干热风等对水稻生长发育的不良影响。水层可促进水稻生长发育,如分蘖时浅灌可促进分蘖,分蘖末期落干晒田可控制无效分蘖,以及灌浆结实期干干湿湿、养根保叶等。水层灌溉有防治杂草、改良盐碱土壤等作用。

(二)种稻用水规划

1. 稻田需水量

在水稻生长期间,叶面蒸腾、株间蒸发的水量和地下渗漏水量合称稻田需水量，前二者又称稻田腾发量。水稻一生中蒸发与蒸腾的变化是相互消长的。蒸腾强度随着绿叶面积的逐渐增加而增大，随着成熟、叶片逐渐枯黄而递减，蒸腾强度高峰一般出现在孕穗期到抽穗期。稻田蒸发强度的变化过程，受植株阴蔽状况的影响很大。插秧初期植株幼小，蒸发大于蒸腾；分蘗末期直到成熟，在植株的阴蔽下，一般蒸发水量维持在每天2 mm左右，变化很小。腾发量在不同地区之间有很大差异，总的趋势是南方小、北方大（表5）。秦岭－淮河以北的北方地区，稻田腾发量约为南方的2.6倍。稻田渗漏量也是北方显著高于南方，因为北方多为新开发稻田，没有形成防漏的犁底层，稻田又都不连片、水旱交错，因此，一般渗漏量要占稻田需水总量的43%~63%，而南方仅占7%~29%。所以，减少渗漏量是北方种稻的重要措施。

表5　　　　　　　　　　　　　我国不同地区的稻田需水量

地区	稻别		蒸腾量 (mm)	蒸发量 (mm)	腾发量		渗漏量		总计 (mm)
					(mm)	(%)	(mm)	(%)	
我国长江以南地区	双季早稻	平均每天	233	1.77	4.11		1.18		4.83
		全生育期 (90 d)	160~260	110~210	270~470	67~82.6	30~100	17.4~33	300~570
	双季晚稻	平均每天	2.63	2.11	4.94		1.21		6.0
		全生育期 (90 d)	210~300	140~240	350~540	77~92	30~160	8~23	380~700
长江以北、秦岭－淮河以南地区	一季中稻	平均每天	3.65	2.35	6.00		1.60		7.6
		全生育期 (90~110 d)	330~400	180~290	510~690	71~93	40~280	7~29	550~970
我国秦岭－淮河以北地区	一季稻	平均每日	3.22	2.52	5.74		7.82		13.56
		全生育期 (90~110 d)	240~500	240~340	480~840	37~57	360~1 440	43~63	840~2 280

注：引自《实用水稻栽培学》。

2. 稻田灌溉定额

每亩稻田需要人工补给水量，叫做稻田的灌溉定额。

稻田灌溉定额＝（稻田需水量－有效降水量）＋整地泡田用水量

有效降水量，一般按生育期间降水量的70%～80%计算。整地泡田用水量包括水耕、水耙、盐碱地泡田洗盐，以及插秧前的水层保持等，各地差异很大。一般非盐碱地泡田用水为100～150 mm，以后每次补水深度30～40 mm。如整地后不久便插秧，则需水160～230 mm。

由于北方稻田需水量大且降水少，所以稻田灌溉定额高于南方。一般南方单季稻灌溉定额300～420 mm，合每亩200～280 m³，变幅较小；北方新稻区为1 000～1 500 mm，合每亩750～1 000 m³，变幅较大。

3. 新开发稻田渠系设置

（1）以水定田：必须有水才能种稻，即使节水种稻也必须有一定的灌水条件，因此，旱田改稻应以水定田。在山东地区，一般春稻灌溉定额800～1 000 m³，麦茬稻灌溉定额600～800 m³，滨海盐碱地泡田洗碱一次需20～30 m³。要根据水源设计水渠流量，根据流量规划稻田面积，确保种稻用水充足。

（2）排灌区系分开：水稻生长期间既要田面保持一定水层，又要地下水位在50 cm以下，有利于耕作层的洗盐脱渍，改良土壤；增加下层土壤空气，促进根系向深层扩展，同时可防治病虫害。因此，在渠系设置时应排灌渠系分开，灌排方便。

（3）水旱划片种植：新稻区内既有水稻，又有旱作，在种植布局上必须做到统一规划，水、旱作物分开，连片种植，避免"水包旱"或"旱包水"。在水旱交界处，挖深1.0～1.5 m隔水沟，有利于水旱轮作，促进水旱作物双丰收。

第三章

水稻生长发育特性

一、水稻的生育过程

（一）水稻生育期

水稻生育期是指水稻从种子萌发到新种子成熟所经历的天数，包含营养生长和生殖生长两个阶段。

在栽培学上，一般以稻穗分化作为生殖生长开始的标志，在此以前为营养生长期。实际上，在稻穗分化的同时，营养器官的节间伸长、新叶抽出、根系扩展等仍在旺盛进行。因而严格地说，从幼穗分化开始到抽穗是营养生长与生殖生长并进时期，抽穗后基本上是生殖生长时期。

1. 营养生长期

（1）幼苗期：从萌芽到三叶期是水稻的幼苗期。

（2）分蘖期：从第四叶伸出开始萌发分蘖，直到拔节为止，为分蘖期。分蘖期在生产上常分为秧田分蘖期和大田分蘖期。从四叶期开始发生分蘖到拔秧，为秧田分蘖期。从移栽返青后开始分蘖到拔节，为大田分蘖期。拔节后，分蘖向两极分化：一部分早生大蘖能抽穗结实成为有效分蘖；另一部分晚出的小蘖，生长逐渐停滞，最后死亡，称为无效分蘖。在分蘖期内，发生有效分蘖的时期称为有效分蘖期,发生无效分蘖的时期称为无效分蘖期。

秧苗移栽后,由于根系损伤,有一个地上部生长停滞和萌发新根的过程,经5~7 d才能恢复正常生长,称为返青期。

2. 生殖生长期

水稻从幼穗开始分化至出穗为穗分化形成期(又叫长穗期),从抽穗开花到谷粒成熟为开花结实期。水稻发生分蘖是营养生长期的主要特征,一般在开始拔节时终止,这标志着营养生长最旺盛的时期结束。水稻分蘖终止和稻穗开始分化的时间因品种与播期不同,可前可后,这样就使营养生长和生殖生长形成3种关系类型。

(1)衔接型:这类品种地上部分伸长节间5个,穗分化和拔节基本同时在分蘖终止时开始。因此,分蘖和长穗期的关系是衔接的。

(2)重叠型:这类品种伸长节间为3~4个,穗分化先于拔节,即分蘖尚未终止穗已开始分化。因此,分蘖期和长穗期部分重叠。

(3)分离型:这类品种地上部分伸长节间为6个或6个以上,拔节先于穗分化,即分蘖终止后隔一段时间才开始分化。因此,分蘖期和长穗期的关系是分离的。

掌握不同品种的生育特点,协调营养生长和生殖生长的关系,是水稻高产栽培的一条重要原则。

(二)水稻产量的形成

水稻的产量是由每亩穗数、每穗颖花数、结实率和粒重4个因素构成的。只有在4个因素协调的情况下,才能获得高产。

1. 穗数

穗数由插植的基本苗数、单株分蘖数和分蘖成穗数决定。在培育壮秧和插足基本苗的基础上,穗数主要是受插秧后的环境条件所支配,特别是以分蘖盛期所受的影响最大,过了最高分蘖期7~10 d以后影响就较小,特别是生长期较短的品种几乎不再受到影响。

2. 颖花数

由分化颖花数和退化颖花数之差所决定。前者从穗分化期到颖花开始分化,

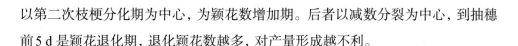

以第二次枝梗分化期为中心，为颖花数增加期。后者以减数分裂为中心，到抽穗前5 d是颖花退化期，退化颖花数越多，对产量形成越不利。

3. 结实率

从穗轴分化期开始就对结实率有影响，但以减数分裂期、抽穗期和结实（乳熟）盛期对结实率的影响最大。

4. 千粒重

千粒重主要由谷壳容积和充实度所决定。从第二次枝梗分化期到颖花分化终止期，环境良好可促进谷壳增大。在减数分裂期和灌浆盛期，环境良好可增加米粒充实度，提高千粒重。多穗型、穗粒并重型和穗重型都能获得高产。

二、种子发芽和幼苗生长

（一）稻种的结构

颖花受精结实后成为谷粒，由谷壳、内外颖构成。谷壳里包着一粒糙米，称为颖果，由果皮、种皮、糊粉层、胚乳淀粉细胞和胚等组成。胚乳占糙米重的90%以上，最外为糊粉层细胞，内含蛋白质性的糊粉粒，以及脂肪、维生素和酶类，是稻种萌发和幼苗生长所需能量的主要来源。

稻胚位于糙米的下部，仅为稻谷总重的2%，但已具备根、叶和茎端生长点。从稻胚的纵剖面看到，上端为胚芽，下端为胚根，中部为胚轴，盾片着生于胚轴上，靠胚乳一侧。胚芽包括1个叶原基、2个幼叶、1个茎生长点和1个罩在最外面的胚芽鞘。胚根包括生长点、根冠、胚根鞘。盾片紧靠胚乳，含有多种酶类。在稻种萌发和幼苗生长过程中，胚乳中的养分通过这一层细胞进入胚内。

（二）稻种发芽

在适宜的温度下稻种吸收水分，胚乳内贮藏物质逐渐分解，通过盾片不断向胚的生长部位输送，稻种开始萌发。由于胚芽、胚根的细胞急剧增大和分裂增殖，胚根首先突破种皮露出白点，生产上叫做"露白"或"破胸"（图3-1）。胚根伸出长达种子长度，或胚芽伸出达种子一半长度，便称为"发芽"。

图3-1　稻种"露白"形态

1. 稻种的休眠期、成熟度和寿命

稻种休眠期的长短因品种的遗传特性和环境条件而不同。据赵同芳研究，一般籼稻种子没有休眠期，而粳稻种子往往有一定的休眠期，有不少品种在收获时发芽率只有4%，干燥贮藏4周后发芽率才达到90%。在灌浆结实期，温度高则稻种的休眠期明显缩短，温度低则休眠期明显延长。未充分成熟的稻种发芽率和发芽势均较低，经干燥后发芽率明显提高。晒种可明显提高发芽率和发芽势。稻种保持发芽能力的年限与贮藏的温、湿度有关：温度高、湿度大，种子的寿命短；温度低、湿度小，种子的寿命长。干燥稻种在12℃条件下可保存1~3年。如将含水量8%~9%的稻种密封贮存在3~4℃的条件下，保存10~15年仍有较高的发芽率。

2. 稻种萌发的条件

(1) 水分：一般干稻谷的含水量为11%~14%，种子在吸水量达到本身重量的25%~30%时就开始萌发，但慢而不整齐。吸水量达到本身重量的40%时，最适于萌发。一般籼稻种萌发所需水分比粳稻种略低。稻种吸水快慢与水温有关，在水温10℃时吸饱水需90 h，在30℃时只需40 h。

(2) 温度：稻种发芽的最低温度，粳稻为10℃，籼稻为12℃，在此温度下发芽很慢，并易受病菌侵入而引起烂种、烂芽。发芽最适温度为28~32℃，在适温下发芽比较整齐、健壮。发芽最快温度为36~38℃，超过40℃原生质流动停止，种芽受伤变黑。

(3) 氧气：稻种萌发和生长需要充足的氧气。无氧条件有利于既成器官的伸长，如芽鞘的伸长，即所谓"湿长芽"。有氧条件有利于根芽的细胞分裂，即器官增长和新器官形成，如真叶及胚根的生长。在缺氧的水层下稻种不能正常发芽。所以，稻种正常发芽是先长根后长芽，胚根、胚芽生长健壮。在缺氧的水层下发芽时，往往有芽无根，胚芽生长细弱，表现浮秧、倒苗，这是引起烂秧的重要原因之一。

（三）幼苗生长

稻种"露白"后，胚根突破胚根鞘继续生长，形成种子根。幼芽最先伸出芽鞘，其内不含叶绿素。芽鞘伸长终止前后，伸出不完全叶，肉眼只能看到叶鞘，而看不到叶片。不完全叶中含叶绿素，它伸出后秧苗开始呈现绿色，称为"现青"，即为出苗（图3-2）。出苗后2~3 d，在不完全叶内抽出第一片有叶鞘的叶，称为完全叶（图3-3）。

图3-2　水稻秧苗"现青"形态

图3-3　水稻发芽期"第一叶、不定根"形态

当第一叶刚抽出时，芽鞘节上开始长出两条不定根，在此之前幼苗的扎根立苗全靠种子根。因此，在催芽和播种过程中，如果胚根被碰断，就会影响扎根立苗。

第一叶继续伸出的过程中，在芽鞘节上又可生出3条不定根，这样芽鞘节上共有5条不定根，这5条不定根往往两两相对伸出。若温度适宜，土壤松软肥沃，播种的深度适宜，这5条不定根就能全部发生且生长良好。当条件不良时，不定根只能发生2～3条。从第二叶抽出至第三叶抽出期间，幼苗无新的不定根发生。因此，芽鞘节上的不定根生长好坏，不仅影响到幼苗扎根立苗，而且对离乳前的养分吸收亦有重要作用。

第三叶抽出时，胚乳的养分基本耗尽，进入离乳期（图3-4）。幼苗从主要依靠胚乳贮藏养分（异养）转到独立营养（自养），这时稻苗对低温和病虫的抵抗力最弱，生产上青枯死苗都发生在三叶期，育秧时要特别注意。

图3-4　水稻"三叶期"形态

第三叶抽出期，不完全叶节发根。第四叶抽出期，第一叶节发根，该节的分蘖亦可能同时长出。以后各节位的出叶、发根和分蘖的关系，均大体如此。

（四）幼苗对环境条件的要求

1. 温度

一般日平均气温达到13℃时幼苗开始生长。15℃以下从出苗到三叶期需

13～15 d，15～20℃需5～9 d，25～30℃需4～5 d。一般以日平均气温在20℃左右对培育壮苗最有利。

水稻幼苗忍耐短时间低温的能力较强，但随着生长逐渐减弱。一般在播种后出苗前短期气温下降到－2～－1℃，对幼芽伤害不大；出苗后到三叶期，短期日最低气温在4℃以上，秧田表土最低温度在0℃以上，秧苗不会受冻；三叶期开始，秧苗抗寒力明显下降，日最低气温5～7℃以下，秧苗就会受到冻害。粳稻幼苗耐寒力较强，籼稻幼苗耐寒力较弱。一般原产寒冷地区的品种耐寒力强，原产低纬度温暖地区的品种耐寒力弱。

2. 氧气

秧田水中含氧量不超过0.3%，幼苗易造成无氧呼吸，不仅根长不好，苗也不壮，抗性减弱。三叶期后秧苗根部通气组织形成，可以从地上部分取得氧气，对缺氧的环境适应性增强。

3. 水分

只需保持土壤最大持水量的40%～50%即可发芽出苗，三叶期前也不需要水层，只要保持土壤最大持水量的70%即可。三叶期后气温增高，宜保持土壤最大持水量的80%。

4. 土壤营养及光照

氮素对秧苗的影响最大，应早施氮肥。磷、钾肥能提高发根能力，促进还苗，特别是在低温情况下效果更好。适当调整秧田播种密度，满足秧苗对光照的要求。

三、根的生长

水稻根属须根系，由种子根（1条）和不定根组成。不定根从茎的基部若干个茎节上伸出，称为第一次根。第一次根上长的分枝根称第二次根或第一次分枝根（支根），还能不断长第二、第三次乃至第五次分枝根（支根）。随着水稻生育进展，发根节位逐渐增多，发根能力增强。分蘖期根系增长较多，也叫增根期，根的干重在抽穗期达到最大值。

1. 不定根发生的位置

不定根发生在节间的周缘维管束环上,在靠近周缘维管束环外侧的部分细胞,分化成不定根原基。在同一水平上同时分化成多个根原基,构成了根原基形成带(发根带)。茎节横隔的上下各有一个发根带。至于不定根发生位置,目前有两种看法。一种是以"节"为单位,将水稻茎节的上下两条发根带,连同这两条发根带中间的节,作为一个根带来看,这个节上长一片叶、一个分蘖芽和若干条根。认为根是发生在"节"上,并将节上、下部发生的根分别称为上位根与下位根。另一种主张以"节间"为中心,节间的上端有叶,下端有分蘖芽,它的上、下端各有一条发根带,合在一起称为"单元",所发的根称为"单元根"(图3-5)。从生产实践看,以"节"来区分根群比较方便、清楚;从维管束等器官内部构造进行分析,以"单元"划分法较为合理。

水稻节间伸长后,由于对养分的争夺和节逐渐离开土壤,伸长节间上的根原基不能发育成根。

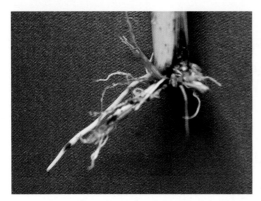

图3-5 水稻不定根发生的位置

2. 水稻发根与出叶的关系

一般水稻发根和出叶相差3个节位,分枝根的发生又依次递减一个节位。一个节上可能发生的根数,在该节发根前就已确定。如四叶期的秧苗第一节发根,此时第三节上的根原基数已大体确定,而这些根原基要到六叶期才能发出根来。六叶期秧苗可能发出的根数和根的粗细,在四叶期就基本决定了。所以在秧苗移栽初期,发根的多少和粗细基本可以确定。

分蘖与主茎按照同样规律发根,据此可了解当地上部出现第 n 叶片时,地下部哪一节正在发根。当分蘖长出第三叶时，开始从它的叶鞘节上发根，形成独立的分蘖根系。所以，发根数激增要比分蘖迟15～20 d，即在大量分蘖半个月后。分蘖越多，根就越多。单株总根数最多可达1 000多条，一般为200条。到拔节以后，节间就逐渐失去了发根能力。

3. 根系的伸展

水稻根系随着植株生长不断变化。刚移栽时，根向横斜下方伸展，分布在耕作层土壤中，呈扁圆形。至分蘖前后，开始有部分根穿过犁底层分布至土壤下层。幼穗分化期开始，分布于土壤表层的根和穿过犁底层的根不断增加，根系分布的范围不断扩大，大体仍保持扁圆形。在透水性十分良好的稻田中，在水稻生育中后期有较多的根系向斜下方伸展，逐渐由扁圆形发展为倒卵圆形。

水稻根系在不同土层中的根量分配情况，因耕作深度、施肥及土壤水分条件而有变化。一般在0～10 cm深土层中根系占80%，特别是0～5 cm深的表土层分布最多，耕作层以下分布很少。根系分布深广是活力强的表现。

4. 根系的活力与机能

根系活力是完成各种生理活动的能力。根系活力强，吸收合成能力强，活力强的根系氨基酸含量高。根尖部粗大、健全，伸长速度快，侧根长，标志着吸收水分和养分的范围广，根系活力强；反之，根尖部细长，伸长速度慢，侧根短，根系活力弱，吸收水分和养分的范围窄。稻株的根系不断由上位节发出新根，更替下位衰亡的老根，保持活力。

稻根除有吸收水分、养分，向根际泌氧等重要功能外，还有吸收固定 CO_2，合成氨基酸和细胞分裂素等功能。稻根对维持叶片的蛋白质含量，防止叶片早衰有重要作用。尤其在水稻生育后期，采用间歇灌溉、补施穗肥，对"养根保叶"，提高灌浆结实率有重要作用。

5. 影响根系生长的因素

（1）土壤的通透性：水稻根系生长在水层下的土壤中，该土层难以满足根系对氧气的需要，还会产生有毒物质而毒害稻根。水稻根系依靠通气组织通过地上部分吸收氧气，变成具有强氧化能力的新生态氧泌出根外。一般新生根的泌氧能力强，能形成较为宽大的根际氧化区。这种根呈鲜白色，具有较强的吸收肥水能力。

当稻根衰老，泌氧能力减弱，或者土壤通透性差、还原性过强时，根际氧化区的范围便越来越小。还原的二价铁离子氧化后产生含水氧化铁凝胶膜，覆盖在根表面时，根呈黄褐色或红褐色。这层铁凝胶膜有保护根系免受侵害的作用，但根系的吸收能力已大减弱。如果土壤的还原性太强，还原层中产生大量硫化氢，就会与附着在根表面的氢氧化铁合成硫化铁，使根呈黑色。当土壤中还原性更强而含铁量又较少时，稻根就会被硫化氢严重毒害，变成浅灰色的死根。俗话说："白根有劲，黄根保命，黑根生病，灰根丧命"，就是这个道理。必须不断改善土壤通透性，促进稻根健壮生长。

（2）土壤营养：据研究，水稻苗体内的含氮量必须在1%以上，根原基才能迅速发育新根。土壤中氮素营养丰富，苗体内含氮水平高，则根系增多而根变短；肥力低，则单株根少而长。由于在根端1.5～2.0 mm处吸收水分和养分较多，故多而粗短的根对水稻生长较为有利。另外，施用有机肥可明显增加稻株根数。

（3）土壤温度：稻根生长最适宜的温度为28～30℃，超过35℃生长受阻、衰老加速；低于15℃，生长发育也大大减弱；低于10℃，则生长停止。所以，春季插秧过早，常会发生"早栽不发"现象。

（4）土壤水分：稻田长期淹水，稻根分枝少，根毛也少，根都分布在地表，所以落干晒田可以促进稻根发育。

四、叶的生长

（一）叶的形态结构

水稻的完全叶包括叶鞘、叶片、叶枕、叶耳和叶舌。

1. 叶鞘

叶鞘卷抱茎秆，各个叶鞘的中肋粗硬、坚韧，起到支撑茎秆的作用，同时叶鞘也是稻株的主要养分贮藏器官之一（图3-6）。

2. 叶片

水稻的叶片为长披针形，第一完全叶和顶

图3-6 叶鞘

叶的形状因品种而有明显差异，其他各叶品种间差异较小。叶片由表皮、叶肉（薄壁组织）、大小维管束和机械组织等部分组成。叶片的长相叫叶相，可分为5种类型：叶片直立，叫直叶；叶片上部稍弯，但叶尖仍在最高点，叫挺叶；叶尖降至最高点以下，但仍在该叶枕最高点1/2以上，叫弯叶；叶尖降至叶枕最高点1/2以下，但不低于叶枕，叫披叶；叶尖降至叶枕以下，叫垂叶（图3-7）。

叶相反映了稻株代谢状况。稻株氮代谢愈旺盛，生长愈迅速，叶片组织愈嫩，

直叶

挺叶

弯叶

披叶

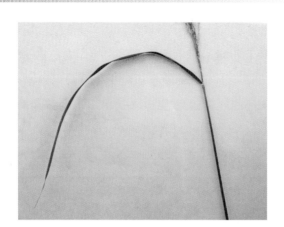

垂叶

图3-7 叶片的形态

则披、垂严重;反之,稻株逐渐向积累型代谢转移时,叶片因伸长受到抑制便逐渐挺直。叶相可作为看苗诊断的指标之一。

3.叶枕

在叶片与叶鞘交界处,有一白色的带状部分,称为叶枕(图3-8)。初出叶的叶枕较柔嫩,易被病原菌侵染。叶枕感病后或衰老时,组织萎缩,叶片下垂。叶枕宽而厚实的品种,叶片多上举。一般叶枕内生长素含量低的叶片上举,而生长素含量高的叶片较平展。

图3-8 叶枕

4. 叶舌

叶枕内有从叶鞘先端伸长的舌状膜片，称为叶舌（图3-9）。叶舌封闭茎秆或心叶与叶鞘之间的隙缝，使内部保持一定的湿度，又可防止雨水积存。

图3-9　叶舌

5. 叶耳

叶枕两侧有从叶片基部分生出的牛角状小叶，称为叶耳（图3-10），这是稻和稗的区别。有个别的水稻品种无叶耳和叶舌，称为简稻。上下两叶叶耳间的距离称为叶耳距，也是看苗诊断的指标之一。

（二）叶的光合作用

水稻叶面的气孔分布密度大，叶肉细胞的皱褶多，叶肉维管束之间的距离也较小，所以有利于吸收 CO_2，提高光合作用效能。水稻以最上位展开叶片的光合能力最强，从全生育期来看，以分蘖期最强，逐渐变弱。水稻单叶的净光合能力因品种有很大差异，一

图3-10　叶耳

般在 $19.7 \sim 35.2$ mg $CO_2 \cdot dm^{-2}/h$，但群体的物质生产能力受株型、适宜的叶面积和根系活力等因素影响。其中，北方亩产 500 kg 以上高产田叶面积指数，分蘖期为 $2.5 \sim 3.5$，幼穗分化至孕穗期为 $4.0 \sim 6.0$，孕穗期为 $5.5 \sim 7.0$，抽穗至成熟期为 $4.0 \sim 5.0$。要求叶面积指数前期增长快，中期稳得住，后期平稳下降。

水稻单叶的光饱和点为 40 000 $\sim$ 50 000 Lx，光补偿点在 600 $\sim$ 1 000 Lx，但群体光饱合点可达 50 000 $\sim$ 60 000 Lx。二氧化碳补偿点在 $60 \times 10^{-6} \sim 150 \times 10^{-6}$，但近地层空气的 CO_2 含量变化都在 350×10^{-6} 以下，不能完全满足水稻光合作用的需要。所以，采用宽行高产栽培，行向顺着季风方向，有利于提高群体的光合量。

(三)叶的分化和出叶

1. 叶的生长过程

在营养生长期，茎端生长点的基部分化出叶原基，大体分为 4 个阶段：叶原基形成突起，叶的组织分化，叶片的伸长，叶鞘的伸长。当第 n 叶的叶尖伸出下一叶(n–1)叶枕的时候，这个叶片的伸长已基本完毕。接着这个叶的叶鞘迅速伸长，使它的叶枕从下一叶的叶枕中伸出来，叶片便完全展开。当第 n 叶的叶鞘迅速伸长时，上一叶(n+1)的叶片在这个叶鞘里迅速伸长，再上一叶(n+2)正在进行组织分化，更上一叶(n+3叶)正处于叶原基形成期。

2. 出叶速度

稻叶互生在茎节上，属1/2叶序。主茎的叶数与品种生育期有关。早熟品种有10 $\sim$ 13片叶，中熟品种有14 $\sim$ 15片叶，晚熟品种总叶数16片以上。同一水稻品种在不同条件下栽培，生育期延长或缩短，叶片也相应增加或减少。

相邻两片叶伸出的时间间隔，称为"出叶间隔"。分蘖前长出的1 $\sim$ 3叶，在适温下每3 d 便能长出一叶；到分蘖期，出叶间隔为4 $\sim$ 6 d；拔节后，需7 $\sim$ 9 d。前一个出叶转换点在三叶期，标志幼苗已至离乳期，后一个转换点在拔节期，标志稻株进入或即将进入生殖生长阶段。出叶的快慢受温度条件等的显著影响。

3. 叶片的寿命

一般一 $\sim$ 三叶期，叶片的寿命只有10多天。剑叶寿命最长，有的可达50 d 以上(晚粳)。一般生育期长的水稻品种，叶片的寿命较长。干旱、缺肥或光照较弱会使叶片寿命缩短。所以,控水过度,缺肥或过于密植,会加速下部叶片死亡,使单茎绿叶减少、生长衰弱。

4.叶片的变化

主茎各叶位叶片长度,是自下而上逐步增长。到最长叶出现后,叶片的长度又依次递减。一般矮秆早稻是倒2叶最长,中稻则是倒3叶最长。上3叶的叶相,是稻株受光量的重要指标之一。

环境条件对叶片的长短和姿态的影响最大。在多肥尤其是氮素水平较高时叶片面积显著增加,控制肥水会使叶片长度缩短。从提高稻田群体光合效率出发,要求叶片短、厚、直。叶片短直,冠层中叶片分布均匀,入射光可透入下层,使受光叶面积增大,提高群体的光合效率。叶厚则单位面积光合效率提高。

5.叶层分组

稻茎上每一叶片都有其生理特性和特殊功能。崔继林等研究认为,主茎上一定叶位叶片的生理功能与稻株生育阶段有着密切联系。根据叶片形态、生长、代谢及功能上的差异,将大田期水稻叶片分成若干小组。日本田中明对中生荣光品种也进行了分组研究(表6)。了解各组叶片的这些特点,采取生产措施,调节光合产物运转方向和促进稻株器官形成,有利于高产。

表6　　　　　　　　　　水稻两种叶层分组法的比较

类别		第一组	第二组	第三组
	Ⅰ* Ⅱ**	营养生长叶	过渡叶	生殖生长叶
各组叶位	Ⅰ主茎18~19叶(老来青)	7/0~10/0	13/0~15/0	16/0~19/0
	Ⅱ主茎12叶(中生荣光)	2/0~7/0	8/0~9/0	10/0~12/0
形态特征	Ⅰ叶鞘形态	扁而薄、棱线明显,干重小	叶鞘开始变形(变圆形)、棱线消失,厚、薄均匀。较坚硬,干重大	无棱线,干重较第二组低
	Ⅱ节间状态	节间不伸长,长叶、根及分蘖	节间不伸长,仅在节上长叶,无分蘖	节间伸长,节上长叶

（续表）

类别		I*	第一组	第二组	第三组
		II**	营养生长叶	过渡叶	生殖生长叶
生理特征	I	出叶间隔	短（5 d）	较长（7 d）	长（8~9 d）
		叶片寿命	24~40 d	>40 d	>60 d
		叶片含氮量（%）	3.5%~4.0%	2.5%~3.0%	2.5%
		叶鞘贮藏的淀粉量	少	显著增加	大量积累
		代谢特点	氮代谢为主	碳、氮代谢并重	碳代谢为主
	II生理状态		高水分、高氮、高硫、低磷和低碳水化合物含量造成的生理状态，淀粉水解酶和转化酶活力大	氮、糖积累，在穗分化前不外流	高磷、高淀粉、低水分、低氮及低硫含量。磷酸化酶和磷酸酶活跃
主要功能	I II		分蘖、长根	节间开始生长，茎、穗生长	结实成熟

注：引自《作物栽培学》南方本。

I *原江苏分院的分组法，指大田叶片分组；II **日本田中明等分组法。

田中明等对第一、二组叶层划分有两种方法。另一种划分法是，第一组3/0~5/0，第二组6/0~9/0叶。

五、分蘖的生长

1. 分蘖规律

水稻茎秆除最上部一节（即穗颈节）之外，每个节上都有一个腋芽（分蘖芽），在适宜条件下这些腋芽都能分蘖（图3-11）。但在通常栽培条件下，一般地上部4~5个伸长节与茎秆基部1~3个节不发生分蘖，而在接近地表紧缩在一起的几个中间节位发生分蘖，称为分蘖节。

通常将从主茎上发生的分蘖称为第一次分蘖，从第一次分蘖茎节上发生的分蘖称为第二次分蘖，以此类推。一般分蘖的出现总是和母茎相差3片叶子。即n叶伸出≈n-3叶分蘖的第一叶伸出。第一完全叶腋发生分蘖的第一叶（1/1）和主茎的第四叶（4/0）同时伸出；第二叶腋发生的第一叶和主茎的第五叶（5/0）同时伸

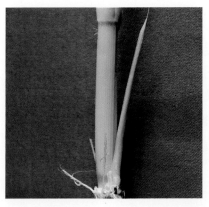

图3-11　水稻分蘖

出。分蘖上各叶的出叶速度大体与母茎相同，即2/1与5/0，3/1与6/0大体同时抽出，其他各次分蘖也大体如此，这就是所谓叶蘖同伸关系。

为什么n叶和n-3叶分蘖同时伸出？据水稻体内输导组织解剖观察表明，n叶的大维管束和n-2叶、n-3叶的分蘖直接通连，当n叶伸出时，养料主要靠处于功能盛期的n-2叶供应，n-2叶的养料也同时供应n-3叶分蘖的生长，从而使n叶和n-3叶分蘖出现了同伸关系。

在大田里，分蘖规律是由慢到快，再由快到慢的。当全田有10%稻苗新生分蘖露尖时，称为分蘖始期。分蘖增加最快的时期，称为分蘖盛期。到全田总茎数和最后穗数相同的时期，称为有效分蘖终止期。在此以前为有效分蘖期，以后为无效分蘖期。当全田分蘖数达到最多的时期，称为最高分蘖期，也就是分蘖终止期。正确掌握这些时期，是看苗诊断的主要依据。

2. 影响分蘖的因素

（1）栽插深度：一般栽插深度以3～3.5 cm为宜，浅栽有利于分蘖。

（2）密度：密植条件下由于穴内光照和土壤营养条件较差，使稻苗个体分蘖发生减少。

（3）土壤营养状况：土壤养分丰富，分蘖发生早而快，分蘖期也较长；反之，则分蘖发生迟、停止早，分蘖期短。在氮、磷、钾三要素中，一般以氮素对分蘖的影响最大。

（4）温度：据中国农业科学院气象研究室研究，认为水稻分蘖的最低气温为

15~16℃，最低水温为16~17℃；最适气温为30~32℃，最适水温为32~34℃；最高气温为38~40℃，最高水温为40~42℃。在田间条件下，日平均温度达20℃以上，分蘖发生才比较顺利。

（5）常见光（照）：研究结果表明，当光强减弱至自然光强的5%时，非但不能分蘖，有部分主茎还会死亡。稻田群体内部的光照条件对分蘖发生的影响很大，一般当秧田叶面积指数达到3.5，大田叶面积指数达到4.0时，由于稻株相互遮荫，光照削弱，分蘖终止。

（6）水分：水稻分蘖受田间水分影响很大。分蘖期缺水受旱，不仅母茎、母蘖生理功能减退，会削弱对分蘖供应养分的能力，而且初生分蘖常会干枯致死。但灌水过深，也会影响分蘖生长。

（7）不同性能肥料对水稻分蘖的影响：据山东省临沂市农业科学院范永强盆栽试验研究，在每亩栽植2.0万株的条件下，不同功能性物质对水稻的分蘖作用不同，施用土壤调理剂能够显著增加水稻的分蘖数，单株分蘖数较对照增加5.5个；施用木醋液和进行红外线辐射却能降低水稻的分蘖数，单株分蘖数较对照减少1.0个；施用硅肥、钙肥和微生物肥料对水稻分蘖数的影响不大（表7）。

另一方面，不同的功能性肥料对水稻的有效分蘖作用不同，土壤调理剂、硅肥、钙肥、木醋液、红外线辐射都能增加水稻的有效分蘖，单株分蘖分别较对照增加2.0个、1.0个、1.5个、1.0个和1.0个；施用微生物菌剂降低水稻的有效分蘖，单株有效分蘖较对照减少0.5个。

表7　　　　　　　　　　　不同功能性肥料对水稻分蘖的影响

肥料种类	对照	土壤调理剂	硅肥	钙肥	微生物菌剂	木醋液	红外线
总分蘖数（个）	13.5	19.0	13.5	13.5	13.5	12.5	12.5
有效分蘖（个）	10.0	12.0	11.0	11.5	9.5	11.0	11.0
成穗率（%）	74.1	63.2	81.5	85.2	70.3	81.5	81.5

注：土壤调理剂（pH大于11.0）每亩施用10 kg，硅肥每亩施用2.0 kg，钙肥每亩施用2.0 kg氰氨化钙，微生物菌剂（200亿/g）每亩施用1.0 kg，木醋液每亩施用5.0 kg，红外线（每亩施用具有红外线辐射功能的陶粉10.0 g）。

六、稻茎的生长

(一)稻茎的形成

水稻发芽后,在胚轴上长出主茎并形成茎节,但不伸长。拔节后地上部分的 n 个节间伸长,称为伸长节,成为明显可见的茎秆。当茎秆基部第一个节间长达 1.5~2.0 cm,外形由扁变圆,便叫做"拔节",也称为"圆秆"。全田有50%的稻株进入拔节时,称为拔节期。

1. 稻茎的结构

稻茎由表皮、厚壁组织、维管束和薄壁组织四部分组成(图3-12)。

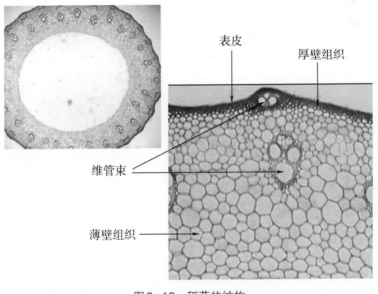

表皮
厚壁组织
维管束
薄壁组织

图3-12 稻茎的结构

2. 水稻茎秆的形成时期

(1)组织分化期:茎端生长点的下部,分化形成茎内输导、机械组织,进而茎节分化,是初步奠定壮秆基础的时期。

(2)节间伸长期:是决定节间长度和粗度的时期。

(3)物质充实期:在节间伸长的后期,节间表皮细胞的外壁开始迅速沉淀硅酸,机械组织厚壁细胞为纤维素、木质素等所充实。薄壁组织大量积累淀粉,节间干物重相应增加。此时节间增粗、变硬。茎秆基部节间物质是否充实,与倒伏关系最大,并影响籽粒灌浆。

(4)物质输出期:抽穗后,茎秆蓄积的淀粉降解,向穗转运,茎秆干重逐渐减轻,开花后3周下降至最低水平。茎内有机物转运顺利与否,对结实率与千粒重影响较大。

3. 节间的伸长顺序

(1)水稻节间伸长顺序:水稻节间是自下而上伸长的。一般当下一节间伸长快结束时,上一节间正处在伸长盛期末,再上一个节间已开始缓慢伸长。

(2)节间伸长和充实的关系:当基部第三节间开始伸长时,第二节间正在迅速充实,第一节间处于充实末期。

(3)节间伸长和出叶的相应关系:当 n 叶的叶片伸长时,下二叶(n-2)处于节间分化期;下三叶(n-3)处于节间伸长期;下四叶(n-4)节间伸长完毕,进入节间充实期。

(4)叶片、节间、分蘖及发根的关系:n 叶出现期≈(n-2)-(n-3)节间伸长期≈(n-3)节间发根期≈(n-3)节位分蘖出现期。

在基部节间伸长期加强栽培管理,使它们短而粗壮,有利于夺取高产。

(二)稻茎的功能

水稻的茎秆除担负着支持输导功能外,还有贮藏养分和通气功能。据研究,稻穗10% ~ 30% 养分是由茎和叶鞘在抽穗前贮存起来,然后转运到穗里去的。茎节是稻株体内输气系统的枢纽,稻根所需氧气是由叶的通气组织通过叶鞘茎秆运送的。水稻茎秆所具有的这种较完善的通气系统,是水稻作为沼泽作物的一个特征。

七、稻穗的分化

(一)稻穗的形态和结构

稻穗为复总状花序(即圆锥花序),穗子上有一主梗叫穗轴,穗轴上有节叫穗节,最下一个穗节称穗颈节。穗颈节到顶叶叶枕的间距,称为穗颈长。着生在穗轴节上的枝梗,称为一次枝梗;一次枝梗上再分出的枝梗,称为二次枝梗;一次

图3-13　稻穗形态

和二次枝梗上部会生出小穗梗，末端着生小穗（图3-13）。

小穗基部有两个颖片，退化成两个小突起，称为副护颖。每个小穗有3朵小花，只有上部一朵小花发育正常，下部的两朵小花退化，各有一个外颖，称为护颖。在栽培学上，往往把一个小穗统称为一朵颖花。发育正常的花由内外颖、6枚雄蕊、2片浆片和1枚雌蕊构成。雄蕊有花丝和花药组成，雌蕊由二裂的帚状柱头、花柱和子房组成。

（二）稻穗的分化

1.稻穗的分化过程

稻穗发育是一个连续的过程，常分为若干时期，分期方法不一样。其中，丁颖和日本松岛的划分方案为国内外所常用，江苏农业大学把上述两种划分方法结合起来，提出了一种简要划分法（表8）。

表8　　　　　　　　　　　　　3种稻穗分化时期划分法的对照

丁颖划分法	松岛划分法			简要划分法
第一苞分化期	幼穗形成期	穗颈节分化期		枝梗分化期
一次枝梗原基分化期		枝梗分化期	一次枝梗分化期	
			二次枝梗分化期	
二次枝梗原基及颖花原基分化期		颖花分化期	颖花分化前期	颖花分化期
雌雄蕊形成期			颖花分化中期	
			颖花分化后期	
花粉母细胞形成期	孕穗期	生殖细胞形成期		减数分裂期
花粉母细胞减数分裂期		减数分裂期		
花粉内容充实期		花粉外壳形成期		花粉粒充实完成期
花粉完成期		花粉完成期		

注：引自《实用水稻栽培学》。

丁颖将稻穗分化分为8个时期。

（1）第一苞分化期：在茎端生长点的基部，顶叶原基的上方形成一个环状突起，便是第一苞原基。苞是退化的叶，穗轴上各个节都有苞。第一苞着生处是穗颈节，所以第一苞的出现是幼穗开始分化的标志，也是生殖生长的起点。第一苞原基有两个明显特征，可与叶原基区别。

（2）第一次枝梗原基分化期：第一苞原基不断增大，形成环状，环抱生长点的基部、生长点也在增大，并相继分化成第二苞或第三苞原基。在第一苞的腋部有新的生长点突起形成，这个突起就是一次枝梗原基。这时进入一次枝梗原基分化期。最后在苞的着生处开始长出白色苞毛，标志着第一次枝梗原基分化的终止。

（3）二次枝梗原基及小穗（颖花）原基分化期：一次枝梗原基分化到一定程度，幼穗的顶端生长点停止发育，着生在最上位的一次枝梗原基生长最快。首先其下部开始出现两排新的突起，就是二次枝梗和颖花原基。在二次枝梗和颖花原基基部的苞叶着生处也长出苞毛，不久整个幼穗都被苞毛覆盖。此时幼穗长0.5～1.0 mm。

　　穗下部的一次枝梗上出现二次枝梗和颖花原基时，穗上部一次枝梗顶端的颖花依次分化出副护颖、护颖、内外颖原基等器官。各颖花原基的器官分化，由穗上部向穗下部的颖花原基发展。当二次枝梗上的颖花原基开始分化出现花器官时，幼穗长1.0～1.5 mm，全穗为苞毛覆盖。

　　(4)雌雄蕊形成期：幼穗最上部的一次枝梗顶端的颖花原基，首先在外颖的一侧分化出两个浆片原基，随后又分化出6个雄蕊原基和1个雌蕊原基，幼穗开始进入雌雄蕊分化期。此时，内外颖似盆状。颖花进一步发育，内外颖伸长并合拢完全包住雌雄蕊。当各一次枝梗上直接着生的颖花大体上都分化出雌雄蕊原基时，幼穗最下位二次枝梗上的颖花原基分化结束，颖花原基数不再增加，幼穗最高颖花数就此决定。此时幼穗长度一般在5 mm左右。自第一苞原基分化起到雌雄蕊分化完成止，穗部各器官全部分化完毕。幼穗外部形态已初步形成。

　　(5)花粉母细胞形成期：颖花进一步发育，颖花长度达到最终长1/4左右时，花药中出现花粉囊间隙，造孢细胞分裂出现花粉母细胞。同时在雌蕊原基上出现柱头突起，胚珠分化出珠被原基，并在珠心表皮下形成孢原细胞。接着珠被原基分化出内外珠被，孢原细胞迅速增大成为胚囊母细胞。幼穗上部颖花花粉母细胞形成时，幼穗长1.5～4.0 cm。

　　(6)花粉母细胞减数分裂期：当颖花长度达到最终长度的1/2时，花粉母细胞进行减数分裂，形成四分子。此时幼穗长度一般在5～10 cm，幼穗体积迅速膨大，产生穗部营养物质分配的尖锐矛盾，小穗向有效和退化两极发展。退化的小穗停留在雌雄蕊形成期上，成为败育小穗或称退化颖花，故减数分裂期也称颖花退化期。一般稻田颖花退化率在20%。

　　(7)花粉内容充实期：内外颖长达到最终长的85%，四分体分散，形成花粉外壳和发芽孔，并充实内容，进行核分裂，称为花粉内容充实期。颖壳在纵向伸长停止后，横幅迅速变宽，接着硅化变硬，叶绿素不断增加。花药呈黄色，柱头上出现帚状突起，穗的伸长逐渐减慢而停止。

　　(8)花粉完成期：稻穗在抽出顶叶鞘前1～2 d花粉内容物充实完毕，核分裂也渐趋完成，为花粉完成期。这时颖壳内已有大量叶绿素，花丝开始伸长，颖花长度、宽度不再增大。

2. 稻穗分化期的外观鉴定

稻穗的分化发育过程，以镜检为准确。在田间看苗诊断时可采用以下方法。

(1)叶龄指数法：某一生育时期的出叶数，被主茎总叶数除，商乘以100，即为某一时期的叶龄指数。据松岛观察，主茎总叶数为15~17的品种，不论栽培时期如何，当叶龄指数达78时，为第一苞分化期；85时为二次枝梗分化期；97时为减数分裂期。

总叶数超出此范围的，应加以订证，订证值是以主茎16叶为标准，即以16减去所用品种总叶数之差的1/10，乘以100，减去当时的叶龄指数，再加上该品种当时叶龄指数，即为该品种的实际叶龄指数。如一品种主茎总叶数为19，在16.5叶时叶龄指数为87，订证如下：

$$（100-87）\times \frac{16-19}{10}+87=83（订证后的叶龄指数）$$

(2)叶龄余数法：主茎上还没有伸出的叶片数叫叶龄余数。据丁颖在广州观察，多数品种第一苞分化期叶龄余数约为3.0，二次枝梗分化期为1.8~2.2，花粉母细胞形成期则为0.3~0.4，早熟品种偏后些。

(3)叶枕距法：剑叶（顶叶）叶枕和下一叶枕之间的距离叫叶枕距，以厘米表示。凡剑叶叶枕低时为负，高时为正。该方法主要用来推断减数分裂，一般叶枕 -10 cm 时为减数分裂始期，零时为减数分裂盛期，+10 cm 时为减数分裂终期。

(4)根据幼穗和颖花长度推断：幼穗肉眼勉强可见，长度尚不足0.5 mm 时，为一次枝梗分化期；幼穗长 0.5~1.0 mm 并开始有苞毛密生，为二次枝梗及颖花原基分化期；幼穗长达 1.5~4.0 cm 时，为花粉母细胞形成期。颖花长度达到颖花最终长度的1/2左右时，该颖花处于花粉母细胞减数分裂期。

（四）影响稻穗分化的因素

稻穗的分化主要取决于稻株生长和生理状态，还与稻穗分化期间的环境条件有密切关系。

1. 温度

稻穗分化的最适温度为30℃左右。据吴光南研究，在较低的温度下（粳稻日平均温度19℃，籼稻日平均温度21℃）能使枝梗和颖花分化期延长2～3倍，可增加每穗颖花数。如早、中稻适期早播，可使穗分化在较低的温度下进行，有利于形成大穗。但温度过低也不利于稻穗发育，特别是在减数分裂后1.0～1.5 d的小孢子初期，稻穗对低温反应最敏感。在15～17℃时即影响花粉发育，日最低温度13～15℃影响严重，持续天数愈长，影响愈严重。

2. 水分

花粉母细胞减数分裂期对水分最敏感，受旱后颖花大量退化，减产十分严重。因此，一般水稻幼穗发育阶段应保持浅水层，但要达到土壤最大持水量的90%以上，以满足稻穗分化对水分的要求。若孕穗期遭受水灾、淹顶2 d以上，也会出现畸形颖花，造成严重减产。

3. 光照

颖花分化发育期间增加光照和延长日照时间，可促进稻穗发育。在穗分化过程中对稻株遮光，每穗颖花数会大量减少和退化。在长穗过程中连绵阴雨田间封行过早，对幼穗发育不利。

4. 土壤营养

氮素营养在两个时期对幼穗分化有影响，枝梗和颖花分化期影响颖花分化数，花粉母细胞减数分裂期影响结实率。在雌雄蕊分化之前追氮肥，能明显增加分化颖花数，以苞分化前后施肥作用最大，可使分化颖花数增加45%。但分化颖花数过多，会造成颖花大量退化和空秕率提高。雌雄蕊分化后追氮肥，已没有促进颖花分化的作用，但能明显减少颖花退化，起到保花增粒、增加颖壳容积的作用。

穗分化期施用钾肥能提高光合效率，而对呼吸作用的影响不如氮素大。所以有人认为，穗肥中增加钾肥效果更好。

八、开花结实特性

水稻从出穗到成熟的过程叫结实期。结实期包括开花受精和灌浆结实过程，早稻为30 d，中稻为30 ~ 35 d，晚稻为40 ~ 55 d。这是决定粒数和粒重，最终形成产量的时期。

（一）开花受精

1. 抽穗

一个稻穗自穗顶露出剑叶叶鞘到全部抽出需3 ~ 5 d。大田中开始有稻穗出现时为见穗期，全田有10%稻株的穗子抽出一半叶鞘时为始穗期，有50%时为抽穗期，有80%时为齐穗期。从始穗到齐穗需1 ~ 2 W（图3-14）。

见穗期

始穗期

齐穗期

图3-14　水稻结实期

2. 开花习性

水稻开花时，先是鳞被吸水膨胀，将外颖向外推开。同时雄蕊花丝急速伸长，花药开裂，花粉散落授粉。水稻属于自花授粉作物，开颖、裂药、散粉几乎同时进行。授粉后，花药吐出颖外，10 min后花丝凋萎，鳞被因水分蒸发逐渐收缩，内外颖又复关闭。每朵花从开放至关闭需1 ~ 2 h，在正常情况下，每天9 ~ 10时开花，11 ~ 12时最盛，14 ~ 15时停止。开花与颖花发育的顺序相同，即主茎首先开花，各个分蘖依次开花。在一个穗上，自上部枝梗依次向下开放；同一个一次枝梗，直接着生在一次枝梗上的颖花开花早，着生在二次枝梗上的颖花开花迟；

在一个枝梗上顶端颖花先开，然后由基部向上顺序开放，而以顶端第二朵颖花开放最迟。先开的花叫强势花，后开的叫弱势花。如果营养条件不足时，弱势花灌浆不足会造成秕粒（图3-15）。

图3-15　水稻开花形态

3. 授粉与受精

水稻授粉后2～3 min花粉即行发芽，伸出花粉管，沿着柱头进入子房，经30 min到达胚珠，钻进珠孔，进入胚囊。花粉管先端破裂，放出两个雄核。一个雄核先与一个极核融合，又和另一个极核融合，形成一个大核，即胚乳原核，将来发育成胚乳。另一个雄核，进入卵细胞内受精，受精卵将来发育成胚。一般在开花后9～18 h完成双受精过程。

（二）开花受精与环境条件

1. 温度

在气温15～50℃时都可以开颖，但最适温度为30℃。一般开花时的温度低于23℃或高于35℃，裂药就要受到影响；温度高于40℃，花粉管伸长明显不良；低于20℃，花粉的发芽和花粉管伸长迟缓。在自然变温条件下，不仅是最高或最低温度，一整天的温度对开花受精也有影响，所以稻株花期的温度指标常由日平均温度和持续日数两个因素组成。

2. 湿度

湿度对开花的影响与温度有关。温度适宜，空气相对湿度50%～90%都可以开花。在较低的温度下，湿度高对开花受精明显不利，所以花期遇阴雨低温则结实率降低。湿度过大或过分干燥，对花粉的发芽和花粉管的伸长均有阻碍作用。但由于稻田保有水层能增加田间空气相对湿度，所以大气干燥的危害在水田很少见，而在旱稻栽培中时有发生。阴雨或在开花时遇暴雨，会导致受精率降低。

3. 光照

花期前遮光可使花期提前，所以人工杂交时可采用遮光的方法催花去雄。

4. 风速

一般风速过大，会直接损害花器或损伤植株而妨碍受精结实。据观察，当风速由1 m/s增大到6 m/s，空壳率由29%增加到40%以上。

上述不良环境因素会导致稻花器官不受精或发育不正常，谷壳完整而其中没有米粒，称为空壳。在生产上防止空壳的关键，在于根据不同茬口选用适宜品种，掌握适宜播期。

(三)米粒的生长和成熟

1.米粒的构造

水稻受精后，胚乳原核经过不断的细胞分裂和分化，以及养分的充实，发育成胚乳。受精卵经细胞的分裂与分化发育成胚。随着胚和胚乳的发育，子房也逐渐膨大和充实，形成米粒(糙米)。在成熟过程中，子房壁发育成果皮；胚珠的珠被和珠心发育成种皮。子房自受精次日起，就开始纵向伸长；3 d后达到米粒全长的1/2以上；开花后5～7 d，尖端达到颖的顶部；开花后第11～12 d时，胚的各部器官已大体分化完成，具备了发芽能力。米粒宽度在开花后11～12 d接近最大值。米粒厚度在开花后14 d接近最大值。米粒鲜重在开花后10 d内增加最快，在25～28 d达到最大值。米粒干重在开花后15～20 d增加最快(灌浆高峰期)，到25～45 d干重达最大值。不同水稻品种灌浆速度不同，同一水稻品种穗上的强势花灌浆速度快。

2. 米粒的成熟过程

一般把米粒的成熟过程分为乳熟、蜡熟、完熟3个时期。

(1)乳熟期:乳熟期胚乳开始积累淀粉,呈白色乳浆状,早稻在开花后第3 d,晚稻在第5 d,即进入乳熟期。

(2)蜡熟期:蜡熟期米粒内部由乳浆状变成蜡状,谷壳开始发黄,但米粒仍是绿色。

(3)完熟期:完熟期米粒逐渐失水,变成透明硬实状,此时谷壳呈黄色,米粒呈白色,适于收割。

米粒在发育过程中,内外颖完整,子房或胚乳已适当膨大,但中途停止发育,或在灌浆过程中胚乳停止生长,以至米粒未成熟而死亡,造成全秕、半秕或死米。一般凡米粒充实程度不到2/3的,就算作秕粒。(图3-16)

米粒乳熟期

米粒蜡熟期

米粒完熟期

秕粒

图3-16　米粒的成熟过程

(四)影响米粒发育的条件

1. 灌浆的养分来源

据北京农业大学测定,在运往穗部的灌浆养分来源中,一部分是从出穗前叶鞘、茎秆中的贮藏养分运转而来,大部分则是出穗后光合作用的产物。因水稻品种和产量水平而不同,一般前者占籽粒产量的14.5% ~ 28.2%,后者则占71.8% ~ 85.5%。又用剪叶、遮光等处理试验表明,稻株最后三片叶的功能对灌浆速度起决定性作用。因此,加强稻株后期管理,提高最后三片叶的光合作用并延长其寿命,对灌浆结实提高产量有重要作用。

2. 温度

有自然情况下,日平均温度21 ~ 22℃,昼夜温差较大,最适于粳稻灌浆结实。籼稻适宜的灌浆温度可能要稍高一些。在恒温情况下,低于20℃时胚和胚乳细胞分裂速度变慢,灌浆也慢。但温度过高,组织老化快,易造成米粒发育不良,粒重减轻。所谓"高温逼熟,低温催老",都不利于结粒饱满。高温影响结实率主要在乳熟期,即抽穗后10 d,影响千粒重主要在抽穗后11 ~ 15 d。温度太低也不利于灌浆,平均气温在15℃以下米粒灌浆就很困难。

3. 光照

光照强度强,有利于米粒灌浆结实。一般认为在最适条件下,水稻叶片在日照强度达到2.5 J·cm^2/min 时,达到"光饱和点"。因此,在日平均温度21 ~ 26℃、日照充足的时期水稻灌浆为好。此外,土壤肥水供应影响光合作用和米粒的发育。

第四章

北方水稻主要病虫草害

一、北方水稻病害

（一）烂秧病

烂秧是秧田中发生的烂种、烂芽和死苗的总称。

【典型症状】

1. 烂种

指播种后不能萌发或腐烂不发芽（图4-1）。

图4-1　烂种形态

2.烂芽

指萌动发芽至转青期间芽、根死亡的现象,又分生理性烂芽和侵染性烂芽。

(1)生理性烂芽。

"淤籽",即播种过深,芽鞘不能伸长而腐烂。

"露籽",即种子露于土表,根不能插入土中而萎蔫干枯。

"跷脚",即种根不入土而干枯。

"倒芽",即只长芽、不长根而浮于水面。

"钓鱼钩",即根、芽生长不良,黄褐卷曲,呈鱼钩状。

"黑根",即根芽受到毒害,呈"鸡爪状",即种根和次生根发黑腐烂。

(2)侵染性烂芽:

①绵腐型烂芽。主要发生在水秧田或湿润秧田中,遇到持续低温阴雨天气且秧田积水时偶尔出现。发病初期在根、芽基部的颖壳破口外产生白色胶状物,渐长出绵毛状菌丝体和孢子囊,呈近圆球形后变为土褐或绿褐色,幼芽黄褐枯死,俗称"水杨梅"。

②立枯型烂芽。开始零星发生,迅速向四周扩展蔓延,严重的成簇、成片死亡。初在根芽基部有水浸状淡褐斑,随后长出绵毛状白色菌丝,也有的长出白色或淡粉红霉状物,幼芽基部缢缩,易拔断,幼根变褐腐烂(图4-2)。

绵腐型烂芽

立枯型烂芽

图4-2 水稻烂芽

3.死苗

指第一叶展开后的幼苗死亡,多发生于二、三叶期,以湿润育秧最为严重,水育秧次之，旱育秧最轻。

（1）青枯型：病株最初叶尖不吐水，心叶萎蔫呈筒状，随后下叶也很快萎蔫卷曲，幼苗污绿色、枯死，俗称"卷心死"。病根色暗，根毛稀少。青枯型死苗大多发生在二、三叶期，往往突然出现一墩，迅速蔓延，严重的成片枯死，但发病点周围有病、健株交错现象。

（2）黄枯型：死苗从下部叶开始，先由叶尖向叶基逐渐变黄，再由下向上部叶片扩展，最后茎基部软化变褐，幼苗黄褐色枯死，俗称"剥皮死"。病苗根系变暗色，根毛很少，易拔起。黄枯型死苗多在一叶一心时就开始发生，初期多在矮小的弱苗上发病，逐渐蔓延扩大，严重时一墩一墩或成片枯死（图4-3）。

青枯型死苗

黄枯型死苗

图4-3　水稻死苗

【发病规律】引致绵腐烂秧的病原菌均属鞭毛菌亚门真菌，以绵腐菌属为主。菌丝管状，无色，无隔膜，分枝发达。无性繁殖形成棒状孢子囊和肾形具鞭毛的游动孢子。有性繁殖形成球状藏卵器和棒状精子器，通过受精在雌器内形成多个卵孢子。

引致立枯烂秧的病原菌主要是半知菌亚门镰刀菌属，其次是鞭毛菌亚门腐霉菌属。镰刀菌大型分生孢子镰刀形，无色，多胞；小型分生孢子卵圆形，单胞或双胞，无色。

水稻烂秧、立枯和绵腐的是土传病害，镰刀菌能在土壤中长期营腐生生活。镰刀菌多以菌丝和厚垣孢子在多种寄主的残体上或土壤中越冬，条件适宜时产生分生孢子，借气流传播。丝核菌以菌丝和菌核在寄主病残体或土壤中越冬，靠菌丝在幼苗间蔓延传播。腐霉菌普遍存在，以菌丝或卵孢子在土壤中越冬，条件适宜时产生游动孢子囊，游动孢子借水流传播。水稻绵腐菌、腐霉菌寄主性弱，只在稻种有伤口，如种子破损、催芽热伤及冻害情况时，病菌才能侵入种子或幼苗。孢子随水流扩散传播，遇有寒潮可造成毁灭性损失。冻害和伤害是第一病因，以后才演变成侵染性病害；第二病因是绵腐菌、腐霉菌等真菌。

（二）稻瘟病

【典型症状】又称稻热病、火烧瘟、叩头瘟，分布在全国各稻区。稻瘟病在水稻整个生育阶段皆可发生，主要危害叶片、茎秆和穗部，是水稻生产中最为普遍的病害之一。稻瘟病按危害时期和部位的不同，可分为苗瘟、叶瘟、节瘟、叶枕瘟、穗颈瘟和谷粒瘟，以叶瘟、节瘟、穗颈瘟危害重。

1.苗瘟

发生于秧苗三叶期前，主要由种子带菌引起，病苗基部变黑褐色，上部呈黄褐色或淡红褐色，枯死。潮湿时病苗表面常有灰绿色霉层（图4-4）。

图4-4 水稻苗瘟

2.叶瘟

一般叶瘟在分蘖至拔节期发病，发生于本田成株叶片上，叶上病斑常因天气和品种抗病力不同，形状、大小、色泽有所不同，可分为慢性型、急性型、白点型和褐点型4种。

（1）慢性型：这类病斑最为常见，通常为纺锤形，也有近圆形或长达2~3 cm

的长条形。典型病斑的最外围是黄色的中毒部,内层是褐色的坏死部,中央是灰色的崩溃部。病斑内部常有褐色的坏死线,向两端延伸。这种病斑色泽变化具层次,表明病菌对寄主同化组织细胞逐步破坏的过程。稻瘟病菌也能从机动细胞和气孔保卫细胞侵入。当病菌的侵染丝贯通病叶角质层,侵入表皮细胞内后,侵染丝尖端膨大形成泡囊,再由泡囊产生菌丝体,向邻近细胞不断扩展。在病菌侵入含叶绿体的薄壁细胞后,由于病菌分泌毒素的影响,叶绿粒先膨软,继而与细胞核一起解体消失,病斑外围褪绿而呈现黄色晕圈。随后这些细胞内含物被破坏,收缩死亡,逐渐充满褐色树胶状酚类物质,因而病斑内层出现褐色环。最后树胶状物质消失,细胞内含物崩溃,残留崩溃的细胞壁,使病斑中央呈灰白色。同时病斑内的褐色坏死线向两端延伸,表明病菌的攻击力减弱,只能向维管束发展。

(2)急性型:初生水渍状小点,迅速扩大成圆形、椭圆形或两端稍尖的暗绿色、水渍状病斑,表面密生灰绿色霉层。这种病斑既无黄色的中毒部,又没有褐色坏死部,表明病菌对寄主攻击力很强,这种病斑是病害流行的征兆。如果天气转晴或经药剂防治,暗绿色斑四周出现黄色或褐色斑,表明病斑钝化,已经向慢性型转化。

(3)白点型:斑点白色,圆形或近圆形,病、健部界限清晰,多发生在高温感病品种的幼嫩叶片上。感病品种在雨后突然转晴或稻田受干旱影响,一般表面不产生孢子,病斑也很少发生。但病斑出现后遇阴雨或潮湿,可迅速转变为急性型。

(4)褐点型:通常局限于两条叶脉间的褐色小点、坏死线和中毒部不明显,多发生在抗病品种或水稻下部的老叶上,表面不产生孢子,没有传播之忧(图4-5)。

急性型叶瘟

慢性型叶瘟

白点型叶瘟 褐点型叶瘟

图4-5 水稻叶瘟

3. 节瘟

多在穗颈下第一、第二节上发生，初生暗褐色小点，逐渐作环状扩展，使部分或整个节部变成褐色。病节干缩凹陷，影响水稻营养和水分的运输，严重时病节易折断，造成上部枯死或白穗。有时病斑仅在节的一侧发生，干缩后造成茎秆弯曲，潮湿时病节上容易产生灰色霉状物（图4-6）。

4. 叶枕瘟

病斑出现于水稻的叶耳或叶舌上，初呈暗绿色，逐渐向整个叶枕部和叶鞘、叶片基部扩展，形成淡褐色至灰褐色的不规则大斑，可导致叶片早期枯死。由于稻穗紧贴剑叶叶枕而抽出，因而也常引起穗颈瘟。天气高温时，病斑表面产生绿

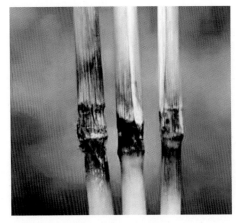

图4-6 水稻节瘟 图4-7 水稻叶枕瘟

色的霉状物（图4-7）。

5. 穗颈瘟和枝瘟

该病发生在穗颈、穗轴及枝梗上，病菌最容易从穗颈节的苞叶、退化枝梗、退化颖以及枝梗分枝点侵入，初为水浸状、暗褐色斑点，逐渐呈环状并上下扩展，最后变成黑褐色，变色部长达2～3 cm。早期侵害稻穗颈节的常常造成"全白穗"，侵染穗轴的造成"半白穗"，局部枝梗被害的形成"阴阳穗"。发病迟或受害轻时，秕谷增加，千粒重降低，米质差。穗颈瘟多发生在抽穗后，多自穗颈节处侵染，但也有在远离穗颈的下方，包裹在剑叶叶鞘内的节间部分侵染而形成白穗，高湿时病部多长有灰绿色的霉层（图4-8）。

穗颈瘟

枝瘟

图4-8　水稻穗颈瘟和枝瘟

6. 谷粒瘟

谷粒瘟发生在谷壳或穗颖上，谷壳早期受害，病斑褐色，中央白色，椭圆形，严重的可扩展至整个谷粒，造成暗灰色或灰白色的秕谷。受害迟的多产生椭圆形或不规则形的褐色斑点，多与其他病菌侵染引起的病斑相混淆，特别是谷粒黄熟后更难区别（图4-9）。

【发病规律】病原菌为稻梨孢菌，属半知菌亚门真菌。病菌以分生孢子和菌丝体在

图4-9　水稻谷粒瘟

稻草和稻谷上越冬。翌年产生分生孢子,借风雨传播到稻株上。分生孢子被传播到叶片上后,萌发形成侵入菌丝,穿过角质层侵入内部组织。菌丝多从鳞片状的苞叶侵入,在枝梗上多在穗轴分枝点附近侵入。菌丝也可从伤口侵入,但通常不从气孔侵入。菌丝侵入后向邻近细胞扩展而发病,形成中心病株。病部形成的分生孢子,借风雨传播进行再侵染。播种带菌种子可引起苗瘟。适温高湿,雨、雾、露条件有利于发病。阴雨连绵、日照不足或时晴时雨,早晚有云雾或结露条件,病情扩展迅速。品种抗性因地区、季节、种植年限而异,同一品种在不同生育期的抗性表现也不同,秧苗四叶期、分蘖期和抽穗期易感病,圆秆期发病轻。同一器官或组织在组织幼嫩期发病重。穗期以始穗时抗病性弱,偏施氮肥有利于发病。放水早或长期深灌根系发育差,抗病力弱,发病重。

(三)水稻纹枯病

【典型症状】主要危害叶鞘和叶片,严重时危害稻穗和茎秆。叶鞘发病一般在近水面处产生暗绿色、水渍状、边缘模糊小斑,逐渐扩大成椭圆形或云纹斑。干燥时病斑边缘褐色,中部呈灰绿或灰褐色,后变灰白色。潮湿时呈水渍状,病斑边缘暗褐,中央灰绿色,扩展迅速。病鞘常因组织被破坏,而使叶片发黄枯死。叶片染病,呈云纹形斑,边缘褪黄。发病快时病斑呈污绿色,叶片很快枯死。剑叶叶鞘受侵染,轻者使剑叶提早枯黄,重者可导致植株不能正常抽穗。植株抽穗后,如穗颈受侵染,则病斑呈灰绿色,并直接造成谷粒不实或秕谷增加。湿度大时病部长出白色网状菌丝,后汇聚成白色菌丝团,形成菌核。菌核深褐色,易脱落。高温条件下病斑上产生一层白色粉霉层,即病菌的担子和担孢子(图4-10)。

图4-10 水稻纹枯病

【发病规律】病原菌为佐佐木薄膜革菌,属担子菌亚门真菌。病菌主要以菌核在土壤中越冬,也能以菌丝体在病残体上或田间杂草上越冬。水稻收割过程中大量菌核落入稻田,成为翌年的主要侵染源。翻耕灌水时菌核飘浮于水面与其他杂物混在一起，插秧后菌核粘附于稻株近水面的叶鞘上，条件适宜生出菌丝，侵入叶鞘组织，气生菌丝又侵染邻近植株。水稻拔节期病害横向、纵向扩展，抽穗前以危害叶鞘为主，抽穗后向叶片、穗颈部扩展。早期落入水中的菌核，也可引发稻株再侵染。

菌核数量是引起发病的主要原因，高温高湿是发病的另一主要因素。菌丝生长温限10～38℃，菌核在12～40℃都能形成，菌核形成最适温度为28～32℃。空气相对湿度95%以上时，菌核就可萌发形成菌丝，6～10 d后又可形成新的菌核。阳光能抑制菌丝生长和菌核的形成。

水稻生长前期雨日多、湿度大、气温偏低时病情扩展缓慢，中后期湿度大、气温高时病情迅速扩展。气温20℃以上，空气相对湿度大于90%，纹枯病开始发生；气温在28～32℃，遇连续降雨，病害发展迅速；气温降至20℃以下，田间空气相对湿度小于85%，发病迟缓或停止发病。长期深灌，偏施、迟施氮肥，水稻郁闭徒长，可促进纹枯病的发生和蔓延。

（四）水稻胡麻叶斑病

【典型症状】又称水稻胡麻叶枯病，全国各稻区均有发生。从秧苗期至收获期均可发病，稻株地上部受害，以叶片为多。种子芽期受害，芽鞘变褐，真叶不能抽出枯死。苗期叶片、叶鞘多为椭圆病斑，如胡麻粒大小，暗褐色，有时病斑扩大连片呈条形，病斑多时秧苗枯死，死苗上产生黑色霉状物（病菌分生孢子梗和分生孢子）。成株叶片染病初为褐色小点，渐扩大为椭圆斑，如芝麻粒大小。病斑中央褐色至灰白，边缘褐色，周围有深浅不同的黄色晕圈，严重时连成不规则大斑。病叶由叶尖向内干枯，赤褐色。

叶片病斑往往不易与稻瘟病、条纹枯病相区别，呈椭圆形，无坏死线，褐色至暗褐色，后期病斑的边缘仍为褐色，叶中央呈黄褐色或灰白色，很难看到黑色霉层。稻瘟病的病斑呈纺锤形，两端有褐色坏死线，病斑边缘褐色，中央灰绿色或灰白色，常见灰白色霉层。条纹叶枯病的病斑为短线状或窄条状，污褐色至红褐色，后期为灰白色，霉层不明显。

叶鞘上染病，病斑初呈椭圆形、暗褐色，边缘淡褐色、水渍状、不清晰，后变为中心灰褐色、不规则大斑。穗颈和枝梗发病受害部暗褐色，造成枯穗（图4-11）。

图4-11 水稻胡麻叶斑病

早期染病的谷粒灰黑色，造成秕谷；后期受害病斑小，边缘不明显。病谷粒质脆易碎，气候湿润时病部长出黑色绒状霉层，即病原菌分生孢子梗和分生孢子。

【发病规律】病原菌为稻长蠕孢菌，属半知菌亚门真菌。病菌以菌丝体或孢子在病残体或附着在种子上越冬，成为翌年初侵染源。病斑上的分生孢子在干燥条件下可存活2～3年，潜伏菌丝体能存活3～4年，菌丝翻入土中经一个冬季后失去活力。带病种子播种后，潜伏菌丝体可萌发直接侵害幼苗，分生孢子可借风吹到秧田或本田，萌发菌丝直接穿透侵入或从气孔侵入，条件适宜时很快出现病症并形成分生孢子，借风雨传播进行再侵染。菌丝生长温限5～35℃，最适温度24～30℃；分生孢子形成温限8～33℃，最适温度30℃；萌发温限2～40℃，最适温度24～30℃。孢子萌发须有水滴存在，空气相对湿度大于92%、气温25～28℃时，孢子4h就可侵入寄主。因此，高温高湿、雾露条件时发病重；酸性土壤、砂质土、缺磷少钾时易发病；旱秧田发病重。

（五）水稻恶苗病

【典型症状】又称徒长病、白秆病等，全国各稻区均有发生。水稻恶苗病从苗期到抽穗期都可发生。苗期发病与谷粒带菌有关，重病种子播种后常不发芽或不能出土，或幼苗萌发后不久就死亡。病轻的稻苗比健苗细高，叶片叶鞘细长，叶色淡黄，根系发育不良，根毛少，部分病苗在移栽前死亡。在枯死苗上或病株靠近地面处有淡红或白色霉粉状物，即病原菌的分生孢子（图4-12）。

恶苗病气生根

恶苗病地上部

图4-12　水稻恶苗病

一般在移栽后15～30 d出现病株，分蘖少或不分蘖，发病节间明显伸长，节部常弯曲露于叶鞘外，下部茎节逆生多条不定须根。剥开叶鞘，茎秆上有暗褐条斑，剖开病茎可见白色蛛丝状菌丝，以后植株逐渐枯死。湿度大时，枯死病株表面长满淡褐色或白色粉霉状物，后期生黑色小点即病菌囊壳。病轻的提早抽穗，穗形小而不实。抽穗期谷粒也可受害，严重的变褐，不能结实，颖壳夹缝处生淡红色霉，病轻不表现症状，但内部已有菌丝潜伏。

【发病规律】病原菌为藤仓赤霉病菌，属子囊菌亚门真菌，无性世代为串珠镰胞菌，属半知菌亚门真菌。带菌种子和病稻草是该病发生的初侵染源，浸种时传染。在稻种萌发后，病菌即可从芽鞘侵入幼苗，引起发病，严重者苗枯。死苗产生分生孢子，传染健苗，从基部伤口侵入，进行再侵染。带菌秧苗移栽到大田后，病菌的菌丝体在稻株内蔓延到茎叶各部，并刺激茎叶徒长，但不能扩展到穗部。当水稻开花后，病株上所产生的分生孢子借风雨侵染花器，颖片和胚乳受害，造成秕谷或畸形。在颖片合缝处产生淡红色粉霉。病菌侵入晚，谷粒虽不显症状，但菌丝已侵入内部，使种子带菌。脱粒时与病种子混收，也会使健种子带菌，成为翌年的初侵染源。土温30～50℃时易发病，伤口有利于病菌侵入，增施氮肥会加重病害，施用未腐熟有机肥发病重。一般籼稻较粳稻发病重，糯稻发病轻，晚稻发病重。

(六)稻曲病

【典型症状】稻曲病是水稻后期病害,俗称"火眼包"。该病仅发生在水稻穗部,危害单个谷粒,少则1~2粒,多至十余粒。受害谷粒在内外颖处裂开,露出淡黄色块状物,逐渐扩大包裹内外颖两侧,呈孢子球。孢子球开始很小,逐渐膨大,稍扁平,光滑,覆盖一层薄膜,膨大而破裂。孢子球逐渐变黄,绿色至墨绿色粉末即病原菌的厚垣孢子。切开病球,外层为墨绿色,第二层为橙黄色,第三层为淡黄色,内层为白色菌丝。到发病后期有的病球侧生黑色、稍扁平、硬质的菌核2~4粒,经风雨震动易脱落,在田间越冬。一般在抽穗至开花期侵染发病,施氮肥过多或穗肥过重的稻田发生严重(图4-13)。

图4-13　水稻稻曲病

【发病规律】病原菌为稻绿核菌,属半知菌亚门真菌。稻曲病菌主要以菌核在土壤中越冬,也可借厚垣孢子在被害谷粒内或健谷颖壳上越冬。翌年7~8月,当菌核和厚垣孢子遇到适宜条件时,即可萌发产生子囊孢子和分生孢子,侵入水稻花器和幼颖。病菌早期侵害子房、花柱及柱头,后期侵入幼嫩颖果的外表皮,蔓延到胚乳中,然后大量繁殖并形成子座。病菌侵染后,首先在颖壳合缝处露出淡黄绿色菌块,后膨大如球,包裹全颖壳至墨绿色。最后龟裂,散出墨绿色粉末。该病菌的发生与品种、施肥和气候条件等密切相关。

1. 气候条件

稻曲病菌在24~32℃均能发育,以26~28℃最为适宜,低于12℃或高于34℃以上不能生长。同时,稻曲病菌的子囊孢子和分生孢子均借风雨侵入花器,因此,影响稻曲病菌发育和侵染的气候因素以降雨为主。在水稻抽穗扬花期降雨天多、雨量大，田间湿度大，日照少，一般发病较重。

2.品种

一般晚熟品种比早熟品种发病重，秆矮、穗大、叶片较宽而角度小、耐肥抗倒伏和适宜密植的品种，有利于稻曲病的发生。此外，颖壳表面粗糙无茸毛的品种发病重。

3.栽培管理

栽培管理粗放、密度过大、灌水过深、排水不良，尤其在水稻颖花分化期至始穗期，稻株生长茂盛。若氮肥施用过多，造成水稻贪青晚熟，剑叶含氮量偏多，会加重病情的发展，病穗病粒亦相应增多。

（七）水稻白叶枯病

【典型症状】又称白叶瘟、茅草瘟、地火烧等，我国各稻区均有发生，主要危害水稻叶片，严重时也侵染叶鞘。由于病菌侵染时期、侵染部位、环境条件和品种抗病性不同，该病症状各异。

1.叶枯型

叶枯型又分为普通型和急性型两种。

（1）普通型：即典型的白叶枯。由于病菌多从叶孔侵入，病斑多从叶尖或叶缘

图4-14 水稻叶枯病普通型

开始发生,少数从叶肉发生,产生黄绿色或暗绿色斑点。斑点沿叶脉从叶缘或中脉迅速向下加长和加宽,扩展成条斑,可达叶基部和整个叶片。病、健组织交界明显,有时呈波纹状(图4-14)。

(2)急性型:在环境条件适宜和感病品种发病时,叶片产生暗绿色病斑,几天内全叶呈青灰色或灰绿色,像开水烫伤状(图4-15)。

图4-15 水稻叶枯病急性型

2.凋萎型

叶枯病凋萎型多在秧田后期到拔节期发生,但以移栽后15~20 d最重。病株心叶和心叶下第一片叶首先失水、枯萎,随后其他叶片相继枯萎,但也有先从下部叶片枯萎,再引起上位叶片或心叶青卷枯萎。病株主茎或分蘖都可发病。病重稻田大量死苗、缺丛,如用手挤压折断病株的茎基部,可见大量黄色菌脓涌出。病田稻株在拔节以后,枯心稻株逐渐减少。孕穗后除叶片产生枯叶型症状外,还常常出现中脉变黄、病叶折断现象,甚至稻穗不能抽穗,形成死穗(图4-16)。

图4-16 水稻叶枯病凋萎型

3. 黄叶型

病株的较老叶片颜色正常,新出叶呈均匀褪绿色或黄色,或黄绿色宽条斑,生长受到抑制。病叶上检查不到病原细菌,但病株基部和节间有大量病原细菌存在。

【发病规律】病原菌为稻黄单胞杆菌,也称稻白叶枯病菌,为革兰阴性菌。带菌种子、带菌稻草和残留田间的病株稻茬是主要初侵染源。细菌在种子内越冬,播种后由叶片水孔、伤口到达维管束,新伤口较老伤口有利于病菌侵入。稻根的分泌物可吸引周围的病菌向根际集聚,形成中心病株。病株上从叶面或水孔溢出的菌脓,遇到雨露或叶面水膜溶散后,借风雨、露水、灌水、昆虫、人为等因素传播,进行再次侵染。高温高湿、多露、台风、暴雨等条件有利于病害流行,稻区长期积水、氮肥过多、生长过旺、土壤酸化都有利于病害发生。稻株抗病力一般在分蘖末期开始下降,孕穗、抽穗阶段最易感病。气温在26~30℃,空气相对湿度在90%以上,多雨、日照不足、风速大的气候条件下,都有利于病害的发生和流行。矮秆阔叶品种发病重于高秆窄叶品种,不耐肥品种发病重于耐肥品种。

(八)水稻细菌性基腐病

【典型症状】该病主要危害水稻根节部和茎基部,导致变褐腐烂。一般在水稻分蘖期开始发病,田间常先出现1丛或只有1~2株的零星病株。病株常在近土表茎基部叶鞘上产生水浸状、椭圆形、长梭形或不规则形病斑,渐扩展为边缘褐色、中间枯白的不规则形大斑。剥去叶鞘,可见根节部变黑褐,有时可见深褐色纵条。根节腐烂,伴有恶臭,植株心叶青枯变黄。拔节期发病叶片自下而上变黄,近水面叶鞘边缘褐色,中间灰色长条形斑,根节变色并伴有恶臭。拔节后病株节间伸长受到阻止,叶枕距缩短,较健株明显矮缩,叶片自下而上枯黄。穗期病株先失水青枯,后形成枯孕穗、白穗或半白穗,根节变色有短而少的侧生根,有恶臭味。水稻细菌性基腐病的特征症状是病株根节腐烂,呈褐色或深褐色,有别于细菌性褐条病心腐型、白叶枯病急性凋萎型及螟害枯心苗等。该病常与小球菌核病、恶苗病、还原性物质中毒等同时发生,也有在基腐病株枯死后,恶苗病菌和小球菌核病菌等腐生其上。该病菌主要通过水稻根部和茎基部的伤口侵入。只要抓准基腐病这3个特征症状,与其他病害不难区别(图4-17)。

图4-17　水稻细菌性基腐病

【发病规律】病原菌为菊欧文菌玉米致病变种，属欧氏秆细菌。细菌可在病稻草、病稻茬和杂草上越冬。病菌从叶片上水孔、伤口，叶鞘和根系伤口侵入，以根部或茎基部伤口侵入为主。在根基的气孔中系统感染，在整个生育期重复侵染。早稻在移栽后开始出现症状，抽穗期进入发病高峰。晚稻秧田即可发病，孕穗期进入发病高峰。轮作、直播或小苗移栽稻发病轻；偏施或迟施氮肥，稻苗嫩柔发病重；分蘖末期不晒田或烤田过度易发病；地势低，黏重土壤通气性差发病重。

（九）水稻条纹叶枯病

【典型症状】苗期发病心叶基部出现褪绿黄白斑，后扩展成与叶脉平行的黄色条纹，条纹间仍保持绿色。不同品种表现不一，糯、粳稻和高秆籼稻心叶黄白、柔软、卷曲下垂，呈枯心状。病毒病引起的枯心苗与三化螟危害造成的枯心苗相似，但无蛀孔，无虫粪，不易拔起。分蘖期发病先在心叶下一叶基部出现褪绿黄白斑，后扩展形成不规则黄白条斑，老叶不显病。籼稻品种不枯心，粳、糯稻品种表现枯心。拔节后发病，在剑叶下部出现黄绿色条纹。稻株得病早的全株枯死，得病迟的不易抽穗或出畸形穗，造成严重减产（图4-18）。

图4-18 水稻条纹叶枯病

【发病规律】水稻条纹叶枯病是由灰飞虱传播的一种病毒病，目前尚无有效的植物病毒治疗剂。本病毒仅靠媒介昆虫传染，其他途径不传毒。媒介昆虫主要为灰飞虱，白背飞虱也能传毒。一旦昆虫获毒，可终身并经卵传毒。病毒在虫体内增殖，还可经卵传播。病毒侵染禾本科的水稻、小麦、大麦、燕麦、玉米、粟、黍、看麦娘、狗尾草等50多种植物。病毒在带毒灰飞虱体内越冬，成为主要初侵染源。在大、小麦田越冬的若虫，羽化后在原麦田繁殖，然后迁飞至秧田或本田传毒危害并繁殖。水稻收获后，迁回冬麦上越冬。水稻在苗期到分蘖期易感病。叶龄长潜育期也较长，随植株生长抗性逐渐增强。条纹叶枯病的发生与灰飞虱发生量、带毒虫率有直接关系。春季气温偏高、降雨少，虫口多、发病重。稻、麦两熟区发病重。品种间发病程度差异显著。

（十）水稻干尖线虫病

【典型症状】被侵染幼苗长至4~5片叶时，叶尖部分卷曲2~4 cm，变为灰白色，枯死。以后病部脱落。成株主要在剑叶或其下1、2片叶的尖端1~8 cm处呈黄褐半透明干枯状，后扭曲而成灰白色干尖，病穗较小，秕谷增多（图4-19）。

【发病规律】水稻干尖线虫以成虫和幼虫潜伏在谷粒的颖壳、米粒间越冬，因而带虫种子是本病主要初侵染源。线虫在水中和土壤中不能长期生存，灌溉水

图4-19　水稻干尖线虫病

和土壤传播较少。当浸种催芽时，种子内线虫开始活动。播种后，线虫多游离于水中和土壤中，但大部分线虫死亡，少数线虫遇到幼芽、幼苗，从芽鞘、叶鞘缝隙处侵入，潜存于叶鞘内，以口针刺吸组织汁液，营外寄生生活。随着水稻的生长，线虫逐渐向上部移动，数量渐增。在孕穗初期前，在植株上部几节叶鞘内线虫数量多。到幼穗形成时，线虫侵入穗部，大量集中于幼穗颖壳内、外部。病谷内的线虫，大多集中于饱满的谷粒内，占总带虫数83%～88%，秕谷中仅占12%～17%。雌虫在水稻生育期间可繁殖1～2代。

　　稻干尖线虫幼虫和成虫在干燥条件下存活力较强。在干燥稻种内可存活3年左右。线虫耐寒冷，但不耐高温。线虫活动适温为20～26℃，临界温度为13℃和42℃。致死温度为54℃，5 min；44℃，4 h或42℃，16 h。线虫正常发育需要70%的空气相对湿度。线虫在水中甚为活跃，能存活30 d左右。在土壤中线虫不能营腐生生活。线虫对汞和氰的抵抗力较强，在0.2%汞和氰酸钾溶液中浸种8 d不能灭死内部线虫，但线虫对硝酸银很敏感，在0.05%硝酸银溶液中浸种3 h就死亡。

（十一）水稻药害

1. 草甘膦药害

受害水稻1～2 d后出现心叶卷束，像竹叶一样，叶色淡黄，但老叶正常。心叶逐渐枯黄，继而枯死腐烂，然后蔓延到下部老叶和茎秆基部，最后连根系一起腐烂（图4-20）。

图4-20　草甘膦药害症状

2. 草胺膦药害

草胺膦属广谱触杀型除草剂，内吸作用不强，与草甘膦杀根不同，草胺膦先杀叶，通过植物蒸腾作用可以在植物木质部进行传导，其速效性介于百草枯和草甘膦之间（图4-21）。

图4-21　草胺膦药害症状

(十二)鸟害(麻雀)

水稻灌浆期由于鸟群啄食而造成损害,主要表现为水稻浆液外溢,籽粒减少等(图4-22)。

图4-22　水稻鸟害(麻雀)

二、北方水稻虫害

(一)地下害虫

我国北方的地下害虫主要有蝼蛄、蛴螬、金针虫和地老虎等。

1. 蝼蛄

蝼蛄属直翅目蝼蛄科,俗名拉拉蛄、土狗。我国北方地区分布广、危害较重的主要是华北蝼蛄和非洲蝼蛄。

【形态特征】

(1)华北蝼蛄粗壮肥大,长36~55 mm,黄褐或黑褐色,腹部色较浅,从背面看呈卵圆形。触角丝状,位于复眼下方。复眼椭圆形,略突出头部两侧。前胸背板特别发达,盾形,中央具有一个凹陷不明显的暗红色、心脏形坑斑。前翅鳞片状,黄褐色,长14~16 mm,覆盖腹部不到1/3。后翅扇形,纵卷成尾状,长30~35 mm,长过腹部末端。前足特化为开掘足,腿部强大,胫节扁宽坚硬,末端外侧有锐利齿4个,上面二齿大,可活动。跗节3节,扁平,其中二节位于扁齿下,能自由活动,可切断作物根茎,前足腿节内侧外缘缺刻明显。后足胫节背侧内缘有刺1~2根或消失,腹部末端有较长的尾须一对(图4-23)。

图4-23 华北蝼蛄

通过前翅翅脉和腹部末端外生殖器以辨别蝼蛄雌雄。雌性前翅翅脉特别是近前缘纵脉,弯曲度较缓,不呈明显的折角状,无愈合现象;雄性前翅近前缘处纵脉明显弯曲且愈合,有些纵脉弯曲成横脉状,并有几根纵脉愈合成折射的"音锉",左右前翅上的音锉摩擦而发音。

卵椭圆形,初产时长1.6~1.8 mm,宽1.1~1.3 mm;孵化前长2.4~2.8 mm,宽1.5~1.7 mm。初产时黄白色,后变黄褐色,孵化前呈深灰色。

初孵若虫头胸特别细,腹部肥大,全体乳白,复眼浅红,以后变成土黄色。每蜕一次皮,体色逐渐加深,5~6龄后基本与成虫同色。初龄幼虫体长3.5~4 mm,末龄长36~40 mm。若虫共13龄。

(2)非洲蝼蛄、成虫体小,浅黄褐色。从背面看前胸背板卵圆形,中央具明显暗红色长心脏形凹陷,长4~5 mm;前翅灰褐色,长12 mm左右,能覆盖腹部的1/2;前足腿节内侧外缘缺刻不明显,后足胫节背侧内缘有刺3~4个(图4-24)。

卵初产时长2.0~2.4 mm,宽1.4~1.6 mm,孵化前长3.0~3.2 mm,宽1.8~2.0 mm。卵孵化前呈暗紫色或暗褐色。

初孵若虫乳白色,腹部漆红色或棕色。腹部肥大,

图4-24 非洲蝼蛄

全体乳白，复眼浅红，以后变成土黄色。每蜕一次皮，体色逐渐加深，5～6龄后基本与成虫同色。初龄若虫体长4 mm，末龄若虫长24～28 mm。若虫共6龄。

【生活史与习性】

（1）生活史：华北蝼蛄每3年一代，若虫13龄，成虫和8龄以上若虫在深150 cm以上土层中越冬。翌年3～4月当10 cm深土层达8℃左右时，若虫开始上升危害，地面可见长约10 cm的虚土隧道；4～5月地面隧道大增，即危害盛期；6月上旬当隧道上出现虫眼时，说明若虫已开始出窝迁移和交尾产卵，6月下旬至7月中旬为产卵盛期，8月为产卵末期。产卵前在土深10～18 cm处作鸭梨形卵室，上方挖一运动室，下方挖一隐蔽室；每室有卵50～85粒，每头雌虫产卵50～500粒，多为120～160粒，卵期20～25 d。7月初孵化，初孵化幼虫有集聚性，3龄后分散危害。据北京观察，各龄若虫历期为1～2龄3 d，3龄5～10 d，4龄8～14 d，5～6龄10～15 d，7龄15～20 d，8龄20～30 d，9龄以后除越冬若虫外每龄需20～30 d，羽化前的最后一龄需50～70 d。

非洲蝼蛄的生活史稍短，在华北和东北每2年一代。在华中越冬成虫于3～4月恢复活动，5月间交尾产卵，越冬若虫于5～6月乳化成为成虫。在黑龙江地区越冬成虫活动盛期在6月上中旬，越冬若虫羽化盛期在8月中下旬。

两种蝼蛄的全年活动过程大致可分为6个阶段。

①冬季休眠阶段。从10月下旬开始到翌年3月中旬为越冬阶段，以成虫和若虫在60～120 cm深土层中越冬，一窝一头，头部向下。越冬深度决定于冻土层深度和地下水位，即在冻土层以下和地下水位以上。

②春季复苏阶段。3月下旬到4月上旬越冬蝼蛄开始活动，清明后头开始扭转向上，进入表土活动。华北蝼蛄洞顶隆起10 cm的新鲜虚土隧道，非洲蝼蛄洞顶仅隆起一小堆虚土或较短的虚土隧道。

③出土迁移阶段。4月中旬到4月下旬表土层出现大量弯曲的虚土隧道，并留有一个小孔，说明蝼蛄已经出窝危害。

④猖獗阶段。5月上旬到6月中旬气温和土温都适宜，越冬蝼蛄大量活动取食危害。此时正值春播作物的苗期，是一年中的第一次危害高峰。

⑤产卵和越夏期。6月下旬到8月下旬天气炎热，蝼蛄潜入30～40 cm深处土层越夏。此时非洲蝼蛄已届交尾产卵末期，华北蝼蛄成虫进入交尾产卵盛期。

⑥秋季危害期。9月气温逐渐转凉，经过越夏的若虫，需要补充消耗的营养以备越冬，再次上升活动取食。当年孵化的若虫也分散危害，此时正值秋季秋播种和幼苗阶段，形成一年中的第二个危害高峰。

（2）习性：

①成虫产卵习性。蝼蛄对产卵地有严格的选择性。华北蝼蛄多在缺苗断垄、高燥向阳、地埂田堰附近松软土壤里产卵。先作成产卵窝，呈螺旋形向下，内分三室，上部的为运动室，距地面 8 ~ 16 cm，一般长 11 cm；中间的为栖居室，椭圆形，距地面 7 ~ 25 cm，一般长 16 cm；下面的是隐蔽室，供雌虫在卵室产卵后栖居用，距地面 13 ~ 63 cm，一般长 24 cm。每个雌虫一般产卵 120 ~ 160 粒，至少 40 粒，多达 500 粒。

非洲蝼蛄产卵习性与华北蝼蛄相似，更趋向于潮湿地区，集中于沿河、池塘和沟渠附近。产卵前先在 5 ~ 10 cm 深处作窝，其中只有一个扁圆形的卵室，雌虫在卵室周围 30 cm 深土层中另作窝隐蔽，每个雌虫可产卵 60 ~ 80 粒。

②趋光性。蝼蛄夜间活动，有趋扑灯光习性，黑光灯可以诱捕到大量的非洲蝼蛄，往往雌多于雄。华北蝼蛄虫体笨重，飞翔力弱，常落于灯光周围的地面上，但在风速小、气温较高、闷热、欲下雨的夜晚，也能大量诱捕到。

③趋化性。蝼蛄对香甜物质气味有趋性，特别喜食煮至半熟的谷子和炒香的豆饼、麸皮。

④趋粪性。蝼蛄对有机粪肥有趋向性。

⑤趋湿性。蝼蛄喜欢栖息于河岸渠旁、菜园地等土壤肥沃潮湿的地方。土壤湿度与蝼蛄的活动有密切关系，10 ~ 20 cm 深处土壤湿度 20% 时蝼蛄活动危害最盛，湿度低于 15% 蝼蛄活动减弱。

2. 蛴螬

蛴螬属鞘翅目金龟甲科，别名大头虫、白土蚕、核桃虫等，成虫通称金龟甲或金龟子，别名瞎撞、黑盖虫、铜克朗等。我国北方地区主要有东北大黑金龟甲和铜绿金龟甲。

【形态特征】

（1）东北大黑金龟甲成虫体长 16 ~ 21 mm，长椭圆形，黑褐色或黑色，具有光泽，前胸背板比翅鞘的光泽更强。唇基横长，近似半圆形，前缘或侧缘边上卷，前缘中部凹入。触角10节，鳃叶锤状部由3节组成。

卵椭圆形，长约3.5 mm，乳白色，光滑，略具有光泽。

末龄幼虫35～51 mm，头部前顶区刚毛每侧各3根，呈一纵列，上面的两根在冠缝之侧，另一根在额缝近中央的偏上方。肛门孔呈三射裂缝状，肛腹片后部复毛区中间无刺毛列，仅有沟状刚毛，沟毛群从肛门孔处开始。

蛹长约20 mm，初为黄白色，后变橙黄色。头部细小，向下弯曲，复眼明显，触角较短，腹部末端有叉状突起1对（图4-25）。

成虫

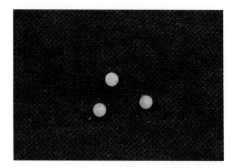

卵

2龄幼虫

3龄幼虫

图4-25 东北大黑金龟甲

（2）铜绿金龟甲：成虫体长19～21 mm，体宽10～11 cm，头、前胸背板、小盾片和鞘翅呈铜绿色或黄褐色，而胫、跗节和爪均棕色或棕褐色；唇基横椭圆形，前缘较直，中间不凹入，前胸背板各缘均有饰边，仅小盾片前面部分不明显，鞘翅各具4条纵肋；臀板前缘中央具有三角形黑斑的都是雄性，有一部分雄性不具有黑斑，但雌性均无黑斑；雄性腹板为黄白色，雌性腹板为白色。

末龄幼虫30～33 mm，肛门孔呈一字形横裂，肛背片后部无臀板，肛腹片后部复毛区中间有刺毛列。每列各有长针状刺毛11～20根，多为15～18根，彼此交叉（图4-26）。

图4-26　铜绿金龟甲

【生活史与习性】

（1）生活史：一般金龟甲生活史较长，有的一年可发生一代，有的数年才能完成一代。幼虫在土壤中生活，在整个生活史中历期最长，常以幼虫或成虫在土壤中越冬。

①东北大黑金龟甲。河南一代区成虫于4月中旬平均气温19.5℃时开始出土，5月中旬到7月下旬为成虫盛发期，8月上旬减少，10月上旬绝迹。从5月中旬平均气温21.7℃时开始产卵，延续到9月下旬，产卵盛期在6月上旬到7月上旬。卵期约20 d，6月上旬开始孵化成幼虫，盛期为6月下旬到8月中旬，幼虫134 d左右。除部分化蛹羽化成成虫外，其余以幼虫越冬。翌年春季，越冬幼虫活动危害，4月底到7月中旬为越冬幼虫化蛹期，化蛹深度20 cm。当5 cm深处土层为26～29℃时，前蛹期为12 d，蛹期20 d。成虫寿命雌虫为95～145 d，雄虫为88～106 d。

北京地区10 cm深处土层达5℃时，越冬幼虫开始上升活动，平均土温13～18℃时在耕作层活动，主要危害春播作物和返青小麦。如土温超过23℃，幼虫又向深层移动，危害减轻。秋季温度降低，幼虫又上升表土层，危害秋季作物。土温在5℃以下时，幼虫在23～50 cm深处土层越冬。

东北地区越冬幼虫在5月中、下旬、土温为10℃以上时，上升到土表层危害作物。幼虫危害可持续到7月初，7月中旬到9月中旬3龄幼虫陆续下降到30～50 cm深处作土室化蛹，蛹期为2～3周。一般幼虫羽化后当年不再出土，即进入越冬期。幼虫在80～120 cm深处土层越冬。

在华北以幼虫越冬为主的年份，翌年春季麦田危害重，夏季危害轻。以成虫越冬为主的年份，翌年春季危害较轻，但夏季的秋大豆、花生、甘薯和冬小麦幼苗危害重。在辽宁幼虫数量有隔年较多的趋势，造成幼虫隔年危害加重，造成"大小年"现象。

②铜绿金龟甲。在华北、东北等地区平均一年发生一代，以幼虫在土层越冬，幼虫期长，为13 d。5月上旬在16～20 cm深处土层化蛹，5月中旬羽化成成虫，5月下旬到7月中旬是成虫危害盛期，直到9月上旬仍可见到成虫。辽宁越冬幼虫于5月中旬前后开始危害，6月下旬为化蛹和羽化期，成虫出现盛期在7月上、中旬，7月中、下旬出现新幼虫，10月中旬以后以2～3龄幼虫越冬。

(2)习性：

①地下活动习性。蛴螬幼虫始终在地下活动，与土壤温、湿度关系密切。当10 cm土层达5℃时开始上升至土表，13～18℃时活动最盛，23℃以上则往深土中移动，至秋季土层下降到适宜温度时，再移向土壤上层。因此，蛴螬对果园苗圃、幼苗及其他作物的危害以春秋两季最重。土壤潮湿蛴螬活动加强，尤其是连续阴雨天气，春、秋季在表土层活动，夏季时多在清晨和夜间移到表土层。

②杂食性。成虫能取食多种作物和树木的叶片或果树花芽。

③昼伏夜出。成虫白天潜伏土中，傍晚出土活动、取食、交配，黎明又回到土中。

④产卵习性。东北大黑金龟甲尤其喜欢在豆地、花生地或有机质较多的土壤里产卵。一般铜绿金龟甲在榆树、杨树附近的田块产卵。

⑤趋光性。蛴螬有较强的趋光性，对黑光灯的趋性更强。

⑥趋粪性。蛴螬对牛粪、马粪、粪土等有机粪肥有趋向性。

⑦假死性。蛴螬遇到轻微震动，就表现假死形态。

3. 金针虫

金针虫是鞘翅目叩头虫，别名铁丝虫、姜虫、金齿耙等，包括沟金针虫、细胸金针虫、宽背金针虫和褐纹金针虫。

【形态特征】

（1）沟金针虫：雌虫体长16~17 mm，宽4~5 mm；雄虫体长14~18 mm，宽3.5 mm。身体栗褐色，密被细毛；雌虫触角11节，略呈锯齿状，长为前胸的2倍；前胸发达，中央有微细纵沟；鞘翅长为前胸的4倍，上纵沟不明显，后翅退化；雄虫体细长，触角12节，丝状，长达鞘翅末端；鞘翅长约前胸的5倍，上纵沟明显，有后翅。

卵椭圆形，长0.7 mm，宽0.6 mm，乳白色。

老熟幼虫体长20~30 mm，宽4 mm，金黄色，宽而扁平；体节宽大于长，从头部至第9腹节渐宽，胸背至第10腹节背面中央有一条细纵沟；尾节两侧缘隆起，具3对锯齿状突起，尾端分叉，并稍向上弯曲，各叉内侧均有一小齿（图4-27）。

成虫　　　　　　　　　　　　　　　幼虫

图4-27　沟金针虫

蛹纺锤形，长15~20 mm，宽3.5~4.5 mm；前胸背板隆起呈半圆形，尾端自中间裂开，有刺状突起；化蛹初期体淡绿色，后渐变深色。

（2）细胸金针虫：成虫体长8~9 mm，宽2.5 mm，栗褐色，被黄褐色细短毛；第2节球形，前胸背板略呈圆形，长大于宽，鞘翅长为头胸部的2倍，上有9条纵列的点刻；足赤褐色。

卵圆形，长0.5～1 mm，乳白色。

末龄幼虫体长23 mm，体较细长，圆筒形，色淡黄色，有光泽。末节的末端不分叉，呈圆锥形。近基部的背面两侧各有一个褐色的圆斑，背面有4条褐色的纵纹。

蛹近纺锤形，长8～9 mm，乳白色至黄色（图4-28）。

成虫

幼虫

图4-28　细胸金针虫

（3）宽背金针虫：雌虫体长10.5～13.1 mm，雄虫体长9.2～12.0 mm，粗短宽厚，体黑色，前胸和鞘翅带有青铜色或蓝色。头具粗大刻点。触角暗褐色、短，端部达前胸背板基部。前胸背板横宽，侧缘具有翻卷的边沿，向前呈圆形变狭，后角尖锐刺状，伸向斜后方。小盾片横宽，半圆形。鞘翅宽，适度凸出，端部具宽卷边，纵沟窄，有小刻点，沟间突出。足棕褐色，腿节粗壮，后跗节明显短于胫节。

老熟幼虫体长20～22 mm，呈棕褐色。腹部背片不显著凸出，有光泽，隐约可见背纵线。腹部第9节端部变窄，背片具圆形略凸出的扁平面，有2条向后渐近的纵沟和一些不规则的纵皱，两侧有明显的龙骨状缘，每侧有3个齿状结节。

蛹体长约10 mm，初蛹乳白色，后变白带浅棕色，羽化前复眼变黑色，上颚棕褐色；前胸背板前缘两侧各具一尖刺突，腹部末端钝圆状，雄蛹臀节腹面具瘤状外生殖器。

宽背金针虫遇干旱土壤不能长期忍耐，但能在较干旱的土壤中存活较久，因此分布于开放广阔的草原地带。在干旱时该虫取食量大以补充水分，危害明显。

（4）褐纹金针虫：成虫体长8～10 mm，宽2.7 mm，黑褐色，生有灰色短毛；头部凸形，黑色，布粗点刻，触角、足暗褐色，前胸黑色，但点刻较头部小；唇基分裂；前胸背板长明显大于宽，后角尖，向后突出；鞘翅狭长，自中部开始向端部逐渐缢尖，每侧具9行列点刻。

卵椭圆形，长0.6 mm，宽0.4 mm，初产时乳白略黄，孵化前呈长椭圆形，长×宽为3 mm×2 mm。

老熟幼虫体长25～30 mm，宽1.7 mm，细长圆筒形，茶褐色，有光泽；头扁平，梯形，上具纵沟，布小刻点；身体背面中央具细纵沟，自中胸至腹部第8节各节前缘两侧生有深褐色、新月形斑纹；尾节扁平而长，尖端具3个小突起，中间的尖锐；尾节前缘亦有2个新月形斑，斑后有4条纵线；后半部有皱纹，密生粗大而深的刻点。

蛹体长9～12 mm，初蛹乳白色，后变黄色，羽化前棕黄色；前胸背板前缘两侧各斜竖1根尖刺，尾节末端具1根粗大臀棘，着生有斜伸的两对小刺。

【生活史与习性】

（1）生活史：金针虫需3～5年才能完成一代，越冬深度为20～85 cm，以幼虫期最长。

在华北地区，越冬成虫于3月开始活动，4月上旬为活动盛期，3月下旬到6月上旬为产卵期，卵产在土层3～7 cm深处，一头雌虫产卵100余粒，雄虫交配后3～5 d死去，雌虫产卵后也死去；卵经35～42 d孵化成幼虫，危害作物。幼虫期在北京地区为1 100 d以上，直到第3年8～9月在土中化蛹，化蛹深度13～20 cm，蛹期20 d左右，9月开始羽化成幼虫，当年不出土而越冬。

在我国西北、华北、东北地区细胸金针虫每2年完成一代，越冬成虫于3月中、下旬出蛰，4月盛发，5月终见；卵始见于4月下旬，6月中旬终见，5月下旬卵开始孵化；幼虫蜕皮9次，共10龄，当年以幼虫越冬，6月下旬开始化蛹；6月下旬为羽化始期，当年以成虫越冬，直至翌年3月中、下旬出蛰，完成1个世代。

宽背金针虫成虫于5月始见，一直可延续到6～7月，成虫出现后不久即交配产卵。越冬幼虫于翌年4月末至5月初即开始上升活动，5月下旬至6月初可见幼虫。4～5年完成一代。

（2）习性：沟金针虫成虫白天躲在麦田或田间杂草和土块下，夜晚活动、交配。

雌虫不能飞翔,行动迟缓,没有趋光性。雄虫飞翔能力很强,夜晚多在麦苗上停留。幼虫危害与土壤温度、湿度、寄主植物的生育时期等有密切关系,上升到表土危害的时间与春玉米的播种期吻合。

细胸金针虫晚上活动,对枯草堆有趋性,常取食麦叶作为补充营养。宽背金针虫成虫白天活跃,常能飞翔,对糖蜜有趋性。

4.地老虎

地老虎属鳞翅目、夜蛾科,别名切根虫、夜盗虫。在我国北方主要有小地老虎、黄地老虎、白边地老虎和警纹地老虎4种。

【形态特征】

(1)小地老虎:成虫体长17～23 mm,翅展40～54 mm,头、胸部背面暗褐色,足褐色,前足胫、跗节外缘灰褐色,中后足各节末端有灰褐色环纹;前翅褐色,前缘区黑褐色,外缘以内多暗褐色;后翅灰白色,纵脉及缘线褐色,腹部背面灰色。

卵:馒头形,直径0.5 mm,高0.3 mm,具纵横隆线,初产乳白色,渐变黄色,孵化前卵一顶端具黑点。

幼虫:圆筒形,老熟幼虫体长37～50 mm,宽5～6 mm。头部褐色,具黑褐色不规则网纹;体灰褐至暗褐色,体表粗糙;前胸背板暗褐色,臀板上具两条明显的深褐色纵带;胸足与腹足黄褐色(图4-29)。

成虫

幼虫

图4-29 小地老虎

蛹:体长18～24 mm,宽6.0～7.5 mm,赤褐有光,口器与翅芽末端相齐,均伸达第4腹节后缘,腹部第4～7节背面前缘中央深褐色,且有粗大的刻点,两侧的细小刻点延伸至气门附近，第5～7节腹面前缘也有细小刻点，腹末端具短臀棘1对。

（2）黄地老虎：成虫体长14～19 mm，翅展32～43 mm，全体黄褐色。前翅亚基线及内、中、外横纹不很明显；肾形纹、环形纹和楔形纹明显，后翅白色，前缘略带黄褐色。

卵：半圆形，底平，直径0.5 mm，初产乳白色，渐现淡红色波纹，孵化前变为黑色。

幼虫：与小地老虎相似，老熟幼虫体长33～43 mm，体黄褐色，有光泽，多皱纹。腹部背面各节有4个毛片。臀板中央有黄色纵纹，两侧各有1个黄褐色大斑，腹足趾钩12～21个（图4-30）。

成虫

幼虫

图4-30　黄地老虎

蛹：体长16～19 mm，红褐色，腹部末节有臀刺1对，腹部背面第5～7节刻点小而多。

（3）白边地老虎：成虫体长17～21 mm，翅展37～47 mm，触角纤毛状，前翅的颜色和斑纹变化很大，灰褐色至红褐色。后翅褐色，翅反面均为灰褐色，前缘密布黑褐色鳞片，外缘有2条褐色线，中室有黑褐色斑点。

卵：初产时乳白色，2～3 d后卵壳上显出褐色斑纹，7～8 d后变为灰褐色。

幼虫：老熟幼虫体长35～40 mm，头宽2.5～3.0 mm，头部黄褐色，有明显的"八"字纹；唇基为等边三角形，额区直达颅顶，略呈双峰，颅中沟很短；体黄褐色至灰褐色，表面较光滑，无颗粒；亚背线颜色较深，气门椭圆形，气门片黑色；腹足趾沟15～22个，臀足趾沟18～25个；臀板基部及刚毛附近颜色较深，小黑点多集中基部，排成2条弧线（图4-31）。

成虫

幼虫

图4-31　白边地老虎

蛹：体长18～20 mm，黄褐色，第3～7腹节前缘有许多小刻点和1对臀刺。

（4）警纹地老虎：成虫体长16～18 mm，翅展36～38 mm，体灰色，头部、胸部灰色微褐，颈板具黑纹1条；雌虫触角线状，分支短；前翅灰色至灰褐色，有的略显紫红色；环形斑和棒形斑十分明显，尤其是棒形斑粗长，黑色，较易辨别；后翅色浅，白色，微带褐色，前缘浅褐色。

幼虫体长30～40 mm，两端稍尖，头部黄褐色，无网纹。体灰黄色，体表生大小不等颗粒，略具皱纹。背线、亚背线褐色，气门线不显著。前胸盾、臀板黄褐色，臀板上具褐色斑点。胸足黄褐色，腹足灰黄色，气门椭圆形、黑色（图4-32）。

成虫

幼虫

图4-32　警纹地老虎

蛹长16~18 mm，褐色，下颚、中足、触角伸达翅端附近，露出后足端部；气门突出，第5腹节前缘红褐色区具很多圆点坑，点坑后方不闭合，腹端具2根臀棘。

【生活史与习性】

（1）小地老虎：西北地区1年发生2~4代，长城以北地区1年发生2~3代，长城以南、黄河以北地区1年发生3代，黄河以南至长江沿岸1年发生4代。在生产上造成严重危害的均为第1代幼虫。全国大部分地区羽化盛期在3月下旬至4月上、中旬。宁夏、内蒙古为4月下旬。成虫多在15~22时羽化，白天潜伏于杂物及缝隙等处，黄昏后开始飞翔、觅食，3~4 d后交配、产卵。卵散产于低矮叶密的杂草和幼苗上，少数产于枯叶和土缝中，近地面处落卵最多。每个雌虫产卵800~1 000粒，多达2 000粒。卵期5 d左右，幼虫6龄，个别7~8龄。幼虫期在各地相差很大，第1代为30~40 d。幼虫老熟后在深5 cm土室中化蛹，蛹期9~19 d。

在春季夜间气温达8℃以上时即有成虫出现，10℃以上时数量较多，活动力强；成虫具有远距离南北迁飞习性，春季由低纬度向高纬度和由低海拔向高海拔迁飞，秋季则沿着相反方向飞回南方；微风有助于其扩散，风力在4级以上时成虫很少活动；成虫对普通灯光趋性不强，对黑光灯极为敏感；成虫有强烈的趋化性，特别喜欢酸、甜、酒味和泡桐叶；成虫的产卵量和卵期在各地因温度高低而不同。

1~2龄幼虫群集于幼苗顶心嫩叶处取食危害，3龄后分散。幼虫行动敏捷，有假死习性，受到惊扰即蜷缩成团。幼虫对光线极为敏感，白天潜伏于表土的干湿层之间，夜晚出土从地面将幼苗植株咬断拖入土穴，或咬食未出土的种子。幼苗主茎硬化后改食嫩叶、叶片，食物不足或寻找越冬场所时有迁移现象。

（2）黄地老虎：在黑龙江、辽宁、内蒙古和新疆北部一年发生2代，甘肃河西地区一年发生2~3代，新疆南部、陕西一年发生3代。一般以老熟幼虫在土壤中越冬。一般田埂老熟幼虫密度大于田中，向阳面田埂大于向阴面。3~4月气温回升，越冬幼虫开始活动，陆续在土中作室化蛹，蛹直立于土室中，头部向上，蛹期20~30 d。4~5月为各地化蛾盛期。幼虫共6龄。陕西（关中、陕南）第一代幼虫出现于5月中旬至6月上旬，第二代幼虫出现于7月中旬至8月中旬，越冬代幼虫出现于8月下旬至翌年4月下旬。卵期6 d。1~6龄幼虫历期分别为4 d、4 d、3.5 d、4.5 d、5 d和9 d，幼虫期共30 d。卵期平均温度18.5℃，幼虫期平均温度19.5℃。产卵前期3~6 d。产卵期5~11 d。甘肃（河西地区）4月上、中旬化蛹，4月下旬羽化。第一代幼虫期54~63 d，第二代幼虫期51~53 d，第二代后期和第三代前期幼虫8月末发育成熟，9月下旬起进入休眠。新疆（莎车）地区4月下旬发蛾，第一代幼虫于5月上旬孵化，6月上旬化蛹。每年有3次发蛾高峰期，第一次在4月下旬至5月上旬，第二次在7月上旬，第三次在8月下旬。

成虫昼伏夜出，在高温、无风、湿度大的黑夜最活跃，有较强的趋光性和趋化性。产卵前需要丰富的补充营养，能大量繁殖。黄地老虎喜产卵于低矮植物近地面的叶上。每个雌虫产卵量为300~600粒。卵期随气温变化而异，一般5~9 d，17~18℃时为10 d，28℃时只需4 d。1~2龄幼虫在植物幼苗顶心嫩叶处昼夜危害，3龄以后从接近地面的茎部挖孔食害，造成枯心苗。3龄以后幼虫开始扩散，白天潜伏在被害作物或杂草根部附近的土层中，夜晚出来危害。幼虫老熟后多在翌年春上升到土壤表层，作土室化蛹。据在新疆地区观察，化蛹深度为3 cm。蛹期在14~15℃时为34~48 d，23~24℃时为14~16 d。黄地老虎一般以第一代幼虫危害最重，危害期在5~6月。在黄淮地区黄地老虎发生比小地老虎晚，危害盛期相差半个月以上。在新疆一些地区秋季危害小麦和蔬菜，尤以早播小麦受害严重。新疆大田发生严重与否和播期关系很大，春播作物早播发生轻，晚播重；秋播作物则早播重，晚播轻。原因决定于播种灌水期是否与成虫发生盛期相遇。

（3）白边地老虎：在黑龙江、内蒙古一年发生1代，以卵越冬。越冬场所在地埂、地边、林带以及草地的表土层内，卵期长达240~270 d；翌年4月中、下旬幼虫孵化，5月中、下旬开始危害植物，盛期在5月中、下旬至6月上、中旬；幼虫期57~62 d；老熟幼虫在6月下旬潜入土中10 cm深土层作土室化蛹，蛹期20~21 d；6月底至7月初为始蛾期，7~8月是发蛾盛期。成虫昼伏夜出，对黑光灯趋性很强，对糖蜜亦有趋性；产卵于杂草根茎周围或土壤孔隙中，每雌虫产卵200~330粒，产卵期20 d；卵初产为乳白色，经7~18 d胚胎发育成熟，即以此越冬。一般幼虫为7龄，也有5龄或6龄。

初孵幼虫抗低温，耐饥饿，对不良环境抵抗力强。3龄后入土，白天潜伏表土下，黄昏后活动取食，危害嫩草和作物幼苗，幼虫的出现与危害时间同气温有关，当春季5 d平均气温达4~5℃时，幼虫即孵化；当平均气温达11℃时，幼虫大量进入3~4龄，开始危害。幼虫发生严重程度与前茬作物和环境有关，前茬作物为麦类、荞麦、蔬菜等杂草多的地块，临近田埂、林带和背风、向阳等地块受害严重。

(4)警纹地老虎：西北地区一年发生2代，以老熟幼虫在土中越冬，翌年4月化蛹。越冬代成虫4~6月出现，5月上旬进入盛期，一代幼虫发生在5~7月，龄期参差不齐，6~7月为幼虫危害盛期。第一代成虫7~9月出现，10月上、中旬第二代幼虫老熟后进入土中越冬。成虫常和黄地老虎混合发生，有趋光性。一般较小地老虎耐干燥，在干旱少雨地区发生危害重。

该虫在青海西宁一年发生1代，以蛹越冬。成虫6~8月出现。幼虫共6龄，1龄6.8 d，2龄4.3 d，3龄4.9 d，4龄6.8 d，5龄9.7 d，6龄8.7 d，全幼虫期共41 d左右。幼虫分为Ⅰ型和Ⅱ型，主要是个体大小和体色有差异，Ⅰ型较多，Ⅱ型仅占1/5。化蛹及羽化后差异不明显。Ⅰ型头壳黄褐色，体色灰褐色，平均体长37.61 mm；Ⅱ型头壳、体色均为黑褐色，平均体长35.82 mm。

(二)刺吸式害虫

1.稻飞虱

稻飞虱属同翅目、飞虱科，别名稻虱、火蠓。主要有灰飞虱、白背飞虱和褐飞虱3种。

【形态特征】

(1)灰飞虱：长翅型体长(连翅)雄虫3.5 mm，雌虫4.0 mm；短翅型体长雄虫2.3 mm，雌虫2.5 mm。头顶与前胸背板雄虫黄色，雌虫则中部淡黄色，两侧暗褐色。前翅近于透明，具翅斑。胸、腹部腹面雄虫为黑褐色、雌虫为黄褐色，足淡褐色(图4-33)。

卵长椭圆形，稍弯曲，长1.0 mm，前端较细于后端，初产乳白色，后期淡黄色。

若虫共5龄。1龄若虫体长1.0~1.1 mm，体乳白色至淡黄色，胸部各节背面

图4-33　灰飞虱

沿正中有纵行白色部分。2龄若虫体长1.1～1.3 mm，黄白色，胸部各节背面为灰色，正中纵行的白色部分较第1龄明显。3龄若虫体长1.5 mm，灰褐色，胸部各节背面灰色增浓，正中线中央白色部分不明显，前、后翅芽开始呈现。4龄若虫体长1.9～2.1 mm，灰褐色，前翅翅芽达腹部第一节，后胸翅芽达腹部第三节，胸部正中的白色部分消失。5龄若虫体长2.7～3.0 mm，体色灰褐增浓，中胸翅芽达腹部第三节后缘并覆盖后翅，后胸翅芽达腹部第二节，腹部各节分界明显，腹节间有白色的细环圈。越冬若虫体色较深。

（2）白背飞虱：成虫有长翅型和短翅型两种。长翅型成虫体长4～5 mm，灰黄色，头顶较狭，突出在复眼前方。颜面部有3条凸起纵脊，脊色淡，沟色深，黑白分明。胸背小盾板中央长有五角形的白色或蓝白色斑。雌虫的两侧为暗褐色或灰褐色，而雄虫则为黑色，并在前端相连。翅半透明，两翅会合线中央有一黑斑。短翅型雌虫体长约4 mm，灰黄色至淡黄色，翅短，仅及腹部的一半（图4-34）。

卵辣椒形，细瘦，微弯曲，长约0.8 mm。卵初产时乳白色，后变淡黄色，并出现2个红色眼点。卵产于叶鞘中肋等处组织中，卵粒单行排列成块，卵帽不外露。

图4-34　白飞虱

若虫体长、体色和斑纹颜色因虫龄大小有差异。1龄若虫长1.1 mm，体色灰白色，腹背有清晰"丰"字形浅色斑纹；2龄若虫体长1.3 mm，体色淡灰色，胸部背面有不规则的斑纹，斑纹边缘色深，中央色淡，或仅残留点状痕迹；3龄若虫体长1.7 mm，胸部背面有数对灰黑色不规则斑纹，斑纹边缘清晰，第三、五节腹节背面有一对乳白色大斑，第六节背面有浅色横带；4龄若虫体长2.2 mm，体色与斑纹同3龄；5龄若虫体长2.9 mm，体色和斑纹同3龄。

（3）褐飞虱：成虫有长翅型和短翅型两种。长翅型体长4～5 mm，短翅型成虫体长2.6～3.2 mm。雌虫腹部较长，末端呈圆锥形；雄虫腹部较短而瘦，末端近似喇叭筒状；黄褐、黑褐色，有油状光泽；头顶、前胸背板褐色，翅斑黑褐色，后足第一跗节外方有小刺；深色型的个体腹部黑褐色，浅色型的个体腹部为褐色；雄虫抱握器端部不分叉，呈尖角状向内前方突起；雌虫产卵器第一载瓣片内缘呈半圆形突起（图4-35）。

卵短茄形，微弯曲，前端细瘦，后端粗胖，卵粒初产时为乳白色，随后变为淡黄色，接着便出现红色眼点，在孵化前眼点呈暗红色。卵成条产于稻株叶鞘组织中，卵帽外露，与产卵痕迹表面平行。在放大镜下检查时，每一个卵帽呈一小方块，2～20粒为一卵块。剖开产卵植物组织时，卵块中卵粒前端单行排列，后端挤成双行，排列整齐。

图4-35 褐飞虱

若虫5个龄期，形均似成虫。1龄体长1.1 mm，黄白色，有暗褐色斑，腹背有一倒"凸"形白斑；2龄体长1.5 mm，初期体色同1龄，倒"凸"形纹内渐见暗褐色，至后期黄褐色至暗褐色，倒"凸"形纹不明显；3龄黄褐色至暗褐色，腹背第四、五节有对较大的浅色斑纹，第六、七、八节有明显的"山"字形浅色斑纹；4龄同3龄，斑纹清晰；5龄同4龄。

【生活史与习性】

（1）灰飞虱：在北方地区1年发生4～5代。华北地区越冬若虫于4月中旬至5月中旬羽化，迁向草坪产卵繁殖，第一代若虫于5月中旬至6月大量孵化，5月下旬至6月中旬羽化，第二代若虫于6月中旬至7月中旬孵化，并于6月下旬至7月下旬羽化为成虫，第三代于7月至8月上、中旬羽化，第四代若虫在8月中旬至11月孵化，9月上旬至10月上旬羽化，部分以3、4龄若虫进入越冬状态，第五代若虫在10月上旬至11月下旬孵化，并进入越冬期，全年以9月初的第四代若虫密度最大，大部分地区多以3、4龄和少量5龄若虫在田边、沟边杂草中越冬。

灰飞虱属于温带地区害虫，耐低温能力较强，对高温适应性较差，生长发育适温在28℃左右，冬季低温对越冬若虫影响不大，在辽宁盘锦地区亦能安全越冬，不会大量死亡。当气温超过2℃无风天晴时，又能爬至寄主茎叶部取食并继续发育，在田间喜通透性良好的环境，栖息于植物植株的部位较高，并常向田边移动集中，因此，田边虫量多。成虫翅型变化较稳定，越冬代以短翅型居多，其余各代以长翅型居多，雄虫除越冬外，其余各代几乎均为长翅型成虫。成虫喜在生长嫩绿、高大茂密的地块产卵。雌虫产卵量一般数十粒，越冬代最多，可达500粒左右，每个卵块有5~6粒卵，能传播黑条矮缩病、条纹叶枯病、小麦丛矮病、玉米粗短病及条纹矮缩病等。

（2）白背飞虱：白背飞虱属长距离迁飞性害虫，我国广大稻区初次虫源由南方热带稻区随气流逐代逐区迁入，迁入时间一般早于褐飞虱。

白背飞虱雌虫有长、短翅型，但雄虫仅为长翅型，未发现有短翅型。白背飞虱在稻株上的活动位置比褐飞虱和灰飞虱都高。成虫具趋光性，趋嫩性，嫩绿稻田成虫易产卵危害；卵多产于水稻叶鞘肥厚的组织中，也有的产于叶片基部中脉内和茎秆中，5~28粒，多为5~6粒。长翅雌虫可产卵300~400粒，短翅型比长翅型产卵量多20%。3龄以前食量小，危害性不大，4~5龄若虫食量大，危害重。白背飞虱生长发育能忍耐30℃的高温和15℃低温，而对湿度要求较高，以空气相对湿度80%~90%为宜。一般初夏多雨、盛夏干旱的年份易导致飞虱大发生。在水稻各个生育期成虫、若虫均能取食，以分蘖盛期、孕穗、抽穗期受害重。

（3）褐飞虱：褐飞虱是一种迁飞性害虫，每年发生代数自北向南递增。

褐飞虱嗜食水稻，对植株营养状况改变敏感。孕穗至开花期间水稻植株中的水溶性蛋白含量高，对褐飞虱生长发育和繁殖最有利，此时田间虫口密度迅速上升。褐飞虱翅型分化与植株营养状况、虫口密度有很大关系，一般当食物数量缺少、环境被破坏或虫口密度过高时，会加速长翅成虫的产生。褐飞虱翅型分化的临界虫期在3龄。

褐飞虱属于高空被动流迁类型，遇暴雨降落。长翅型成虫在卵巢发育成熟前，夜晚有明显的趋光习性。当卵巢发育成熟和交配后，很少有飞行趋光的习性，即转入定居繁殖阶段。一般成虫栖息在离水面10 cm高的稻株上，交配后栖息于阴湿的稻丛下部。在迁入期田间的虫量为均匀分布，定居后则为不均匀分布。因此，在水稻生长中后期田间常常出现成团枯死，分布很不均匀。

褐飞虱的繁殖势力能很高，一头雌虫可产卵300~700粒，最多可达1 000粒。一般短翅型雌虫的产卵量高于长翅型的产卵量。田间虫量平均每代增殖10~30倍。

(二)水稻螟虫

1. 二化螟

【形态特征】雄蛾体长10~12 mm，展翅20~25 mm，头胸背面淡灰色；前翅近长方形，黄褐色或灰褐色，翅面布满褐色、不规则小点，外缘有小黑点7个；后翅白色，近外缘带浅黄褐色。雌虫体长10~15 mm，翅展20~31 mm，头、前胸部黄褐色；前翅黄褐色或淡黄褐色，褐色小点很少，外缘有小黑点7个；后翅白色，有绢丝般反光（图4-36）。

（雌）　　　　　　　　　　（雄）

成虫

幼虫

图4-36　二化螟

卵块由多个椭圆形、扁平的卵粒排成鱼鳞状，附着胶质，初产白色，后变茶褐色，近孵化时为黑色。

成长幼虫体长24~27 mm。初孵幼虫，头黑色，胸、腹、淡黑色，第一腹节有一白色圈，体多毛；2龄后头变为黄褐色，腹部白圈消失；老熟幼虫头褐色，胸腹部黄绿或淡黄色，背中线暗绿色，前胸背板有新月形斑，或深褐色；腹足较发达。

蛹圆筒形，长11~17 mm，初为乳白色，后变棕色。前期背面可见5条纵线，后足末端与翅芽等长。

【生活史与习性】山东省每年发生二代，以老熟幼虫在稻茬、杂草丛、土缝等处越冬。气温高于11℃时开始化蛹，15~16℃时成虫羽化。一般在5月上旬开始出现成虫，下旬达盛发期。由于越冬场所复杂，所以成虫羽化时间很不一致，有时延续1~2个月，因此，田间世代重叠现象十分严重。第一代幼虫危害期为5月下旬至7月上、中旬，第二代幼虫危害高峰期为8月中、下旬。全年以第一代幼虫危害最重。

二化螟成虫昼伏夜出，有趋光性。产卵时喜选择高大嫩绿的植株，多在羽化的本田产卵。初孵幼虫先钻入茎秆、叶鞘处群集危害，造成枯鞘。2~3龄后转株分散危害，最后在茎或叶鞘内化蛹。

二化螟要求低温高湿条件，超过25℃即对生长发育有抑制作用，所以春季雨量少则越冬代蛾量少。若春季多雨，第一代幼虫危害重，蛾量大。若7~8月多雨高湿、气温较低，则第二代危害也重。

2. 稻纵卷叶螟

【形态特征】成虫中等偏小型，体长7~10 mm，翅展16~19 mm，体、翅黄褐色，前后翅外缘有黑褐色宽边。前缘褐色，有3条黑褐色条纹，中间1条较短；后翅具有2条黑褐色条纹。雄虫体较小，前翅前缘中央有一个略为凹下的黑点，着生一丛暗褐色毛。前足胫节膨大，有一丛黑毛。静止时前后翅斜展在背部两侧，腹部末端常举起（图4-37）。

卵近椭圆形，长1 mm，扁平，中部稍隆起，表面具细网纹，初为白色，渐变为浅黄色。

幼虫5~7龄，多数为5龄。末龄幼虫体长14~19 mm，头褐色，体黄绿色至绿色。老熟幼虫橘红色，中、后胸背面各有2排横列黑圈，黑圈共8个，前排6个、

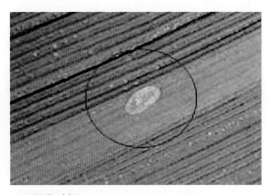

图4-37　稻纵卷叶螟

后排2个。

蛹圆筒形，常包有白色薄茧，长7~10 mm，末端尖削，具钩刺8个。蛹开始浅黄色，后变红棕色至褐色。雄虫腹部第9节腹面生殖孔为一裂痕状，周围两侧隆起；雌虫生殖孔具有两个邻接的开口，位于第8~9节，第9~10节腹面节间缝呈"八"字形（图4-38）。

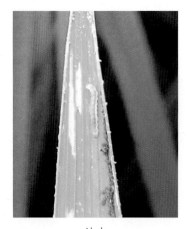

幼虫　　　　　　　　　　　　　　　　　　　蛹

图4-38　稻纵卷叶螟

【生活史与习性】

(1)生活史：稻纵卷叶螟是一种无滞育、抗寒力较弱、发育起点温度比较高，具有远距离迁飞特性的害虫。一年发生1~11代，由南往北发生代数逐渐减少。泰沂山区到秦岭一线以北地区一年发生2~3代，以第2代为多发代。南岭山脉一线以南，常年有一定数量的蛹和少量幼虫越冬，北纬30℃以北稻区不能越冬，初步认为越冬北界在北纬30°附近。山东省一般每年发生4代，不能越冬，每年春季成虫随季风由南向北而来，随气流下沉和雨水降落，成为非越冬地区的初始虫源。6月中旬至7月上旬发生第1代幼虫，主要危害春稻和禾本科杂草。7月下旬和8月中下旬分别发生第2~3代幼虫，是麦茬稻主害代。第4代幼虫于9月下旬发生，一般数量较少，秋季温度较高时危害较重。随后，成虫随季风南迁。

(2)生活习性：成虫喜群集在生长嫩绿、阴蔽、潮湿大稻田或生长茂密的草丛中，夜间活动，有一定的趋光性，对金属卤素灯趋性较强。成虫常吸食棉花、双穗雀麦、野苋菜、女贞等植物上的花蜜和蚜虫排泄的"蜜露"，18~20时取食最盛，成虫产卵多,产卵时间长。成虫羽化后1~2d交配,交配多在3~5时,交配历时1h。产卵期3~4d,历期5~7d,前三天产卵较多,喜在嫩叶、宽叶上产卵。每头雌蛾最多能产卵314粒,平均可产卵100粒。成虫寿命长12d,平均7d。雌蛾寿命比雄蛾短,雌雄比例1∶1(图4-39)。

图4-39 稻纵卷叶螟危害形态

卵散生,大多一处产1粒,少数2~3粒连在一起,7~10时孵化最多。

初孵化幼虫钻入心叶或由蓟马危害形成的卷叶中开始食叶肉,叶片出现针头状白色透明小点,很少结包。2龄开始在叶尖或稻叶的上中部吐丝缀连成小虫苞,也称为"卷叶期"。幼虫啃食叶肉,受害处呈透明白条状。3龄后开始转苞危害,转苞多在4~5时和19~20时。阴雨天白天也能转苞,虫苞多为单叶纵卷。4龄后转株频繁,虫苞大、食量大、抗药性强、危害大。1~3龄幼虫食量小,占总食量的4.6%。5龄是暴食阶段,占总食量的79.5%~89.6%。一生可危害5~7片叶,危害面积达22.57 cm^2。

老熟幼虫经1~2d化蛹,以主茎或有效分蘖的基部叶鞘中为多,其次在无效分蘖的叶片中,少数在稻丛基部或老虫苞中。

(三)稻象甲

【形态特征】成虫体长5 mm,暗褐色,体表密布灰褐色鳞片。头部伸长如象鼻,触角黑褐色,末端膨大,着生在近端部的象鼻嘴上。两翅鞘上各有10条纵沟,下方各有一长形小白斑(图4-40)。

卵椭圆形,长0.6~0.9 mm,初产时乳白色,后变为淡黄色,半透明而有光泽。

幼虫长9 mm,蛆形,稍向腹面弯曲,体肥壮、多皱纹。头部褐色,胸腹部乳白色,很像一颗白米粒。

蛹长约5 mm,初乳白色,后变灰色,腹面多细皱纹。

成虫

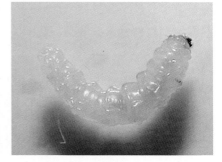
幼虫

图4-40　稻象甲

【生活史与习性】

(1)生活史:双季稻区及单、双季混栽区一年发生2代。山区纯单季稻区一年发生1代。越冬虫态以成虫越冬为主,也有少量的幼虫、蛹越冬。成虫主要聚集在稻田四周的田埂中,尤以朝南向阳处居多,也可在稻茬基部越冬。

双季稻区越冬代成虫4月中下旬在早稻秧田期达到高峰,5月上旬在秧田可查到卵,卵孵化后危害稻根部。第一代成虫在7月中旬开始羽化,7月下旬达高峰,7月底在晚稻秧苗上产卵。秧苗移栽到本田,卵孵化,幼虫入土危害稻根部。在双季晚稻上9月底到10月初可诱捕到第二代成虫。纯单季稻区,越冬成虫在田埂、草皮下越冬,到春季可到大小麦、田边杂草上取食危害。到5月中下旬单季稻播种时危害秧苗,产卵。移栽大田后卵孵化入土危害,也有部分卵在秧田孵化。随移栽时将幼虫带入大田,到9月中旬稻田排水后可见到成虫。

(2)生活习性:成虫除危害水稻外,在越冬期和春季还危害大小麦、紫云英、蔬菜和杂草。成虫咬食稻、麦、杂草等基部幼嫩组织,叶片呈横排小孔,重者心叶折断直至死苗;麦抽穗时,可咬食麦穗,降低千粒重。成虫惊动后假死或潜入水下危害,在田间可爬行迁移危害,或借助水流和风力传播到其他田块危害。成虫将卵产在叶鞘中脉两侧的内外叶鞘间,每块卵为1~6粒,最多可达10~11粒。

幼虫在叶鞘内短暂取食，经1d后即入土危害稻根。幼虫在稻根横向0.5～5.0 cm、纵向0.5～6.0 cm范围分布（图4-41）。

图4-41 稻象甲危害稻根

老熟幼虫在稻田排水后3～5d，气温在15℃时即开始化蛹。幼虫化蛹时向上移动至表土层1～2 cm深处作土室，土表留有直径0.25 cm的圆形羽化孔。

（四）爬行动物（蜗牛）

【生活习性】蜗牛喜欢在阴暗潮湿、疏松、多腐殖质的环境中生活，昼伏夜出，最怕阳光直射，对环境反应敏感，最适气温16～30℃（23～30℃时，生长发育最快），空气相对湿度60%～90%，饲养土湿度40%，pH为5～7。当气温低于15℃，高于33℃时休眠，低于5℃或高于40℃，则蜗牛可能被冻死或热死。

蜗牛喜钻入疏松的腐殖土中栖息、产卵，调节体内湿度和吸取部分养料，达12 h之久。蜗牛杂食性和偏食性并存，喜潮湿，怕水淹。蜗牛对冷、热、饥饿、干旱有很强的忍耐性。气温恒定在25～28℃，蜗牛生长发育和繁殖旺盛。

三、北方水稻恶性杂草

（一）稗草

【形态特征】株高50～130 cm。秆直立，基部倾斜，光滑无毛。叶片条形，中脉灰白色，无毛。叶鞘光滑松弛，无叶舌、叶耳。圆锥总状花序，较展开，直立或微弯，常具斜上枝或贴分枝。小穗密集于穗轴的一侧，具极短柄或近无柄。小穗含二花，卵圆形，长约5 mm，有硬疣毛。颖具3~7脉；第一外稃具5~7脉，先端常有5~30 mm长的芒；第二外稃先端有尖头、粗糙，边缘卷抱内稃。颖果卵形、米黄色（图4-42）。

【生物学特性】禾本科一年生草本，种子繁殖。种子萌发从10℃开始，适宜温度为20~30℃，发芽土层深度为1~5 cm，尤以1~2 cm深出苗率高，埋入土壤深

幼苗

无叶舌

植株

花序

种子

图4-42　稗草

层的未发芽种子可存活10年以上。稗草种子对土壤含水量要求不严,特别能耐高湿。稗草发生期早晚不一,但基本是为晚春型出苗的杂草,正常出苗的植株,7月上旬前后抽穗、开花,8月初果实即渐次成熟。

稗草的生命力极强,不仅正常生长的植株大量结籽,就是生长中的植株部分被割去之后,也可萌发新分蘖。

(二)千金子

【形态特征】幼苗淡绿色;第一叶长2.0~2.5 mm,椭圆形且有明显的叶脉,第二叶长5~6 mm;7~8叶龄时出现分蘖和匍匐茎及不定根。株高30~90 cm。秆丛生,上部直立,基部膝曲,具3~6节,光滑无毛;叶片条形皮针状,无毛,常卷折;叶鞘大多短于节间,无毛;叶舌膜质,多撕裂,具小纤毛。花序圆锥状,分枝长,由多数穗形总状花序组成;小穗含3~7朵花,呈2行着生于穗轴的一侧,常带紫色;颖具一脉,第二颖稍短于第一外稃;外稃具3脉,无毛或下部被微毛。颖果长圆形(图4-43)。

【生物学特性】禾本科一年生草本,种子繁殖。种子发芽需要充足水分,但在长期淹水条件下不能发芽;种子发芽需要温度较高,发生偏晚。千金子的分蘖能力强,中后期生长较快,到水稻抽穗后往往高出水稻。

幼苗

形态特征

花序

图4-43　千金子

（三）杂草稻

【形态特征】具有杂草特性的水稻，又称野稻、杂稻、再生稻，俗称大青棵。其高度、颜色和水稻极为相似。

【生物学特性】禾本科一年生草本，种子繁殖。杂草稻野性十足，比栽培稻早发芽、早分蘖、早抽穗、早成熟，落粒性强。种子休眠最长可达10年，但只要温、湿度适宜，它就会破土萌发生长。杂草稻具有更旺盛的生长能力，一般植株比较高大，与栽培稻争夺阳光、养分、水分和生长空间（图4-44）。

图4-44　杂草稻

（四）鳢肠

【形态特征】株高15~60 cm；茎直立或匍匐，自茎基部或上部分枝，绿色或红褐色，被伏毛；茎叶折断后，有墨水样汁液。

叶对生，无柄或基部叶有柄，被粗伏毛；叶片长披针形、椭圆状披针形或条状披针形，全缘或有细锯齿。

花序头状，腋生或顶生；总苞片2轮，5~6枚，有毛，宿存；托叶披针形或刚毛状；边花白色，舌状，全缘或2裂；心花淡黄色，筒状，4裂。

舌状花的瘦果四棱形，筒状花的瘦果三棱形，表面都有瘤状突起，无冠毛（图4-45）。

幼苗

植株

花序

图4-45　鳢肠

【生物学特性】菊科一年生草本，种子繁殖。鳢肠喜湿耐旱，抗盐耐瘠和耐荫。在潮湿的环境里被锄移位后，能重新生出不定根而恢复生长，故称为"还魂草"，能在含盐量达0.45%的中、重度盐碱地上生长。

鳢肠具有惊人的繁殖能力，一株可结籽1.2万粒。这些种子或就近落地入土，或借助外力向远处传播。

（五）扁秆藨草（三棱草）

【形态特征】株高60～100 cm，具地下横走根茎和块茎，根茎顶端膨大成块茎。秆直立而较细，三棱形，平滑。

叶基生或秆生，条形，与秆近等长。叶基部具有长叶鞘，苞状叶片，1～3枚，长于花序。

花序聚散形，短缩成头状，假侧生，有时具有少数短辐射枝，有1～6个小穗；小穗卵形或长圆状卵形，具多数小花；鳞片矩圆形，褐色或深褐色，顶端具撕裂状缺刻，中脉延伸成芒状；刚毛4～6条，具倒刺，短于果（图4-46）。

小坚果，倒卵形，扁稍凹或稍凸，灰白色或褐色。

【生物学特性】莎草科多年生草本，块茎或种子繁殖。块茎发芽最低温度为10℃，最适宜温度为20～25℃，出苗适宜土层深度为0～20 cm，最适宜深度5～

植株

花序

图4-46　扁秆蔗草

8 cm；种子发芽最低温度为16℃，最适宜温度为25℃，出苗土层深度为0~5 cm，最适宜深度为1~3 cm。块茎和种子没有休眠期或无明显的休眠期。三棱草适应性强，块茎和种子冬季在稻田土壤中经 -36℃的低温翌年仍有生命力；块茎夏天在干燥的条件下，暴晒45 d后再置于保持浅水的土壤中，仍可恢复生机。只要有3 mm长的小块茎遗留下来，就能发芽出苗。

在三棱草发生区，块茎于4~6月出苗。条件适宜，幼苗生长很快，一天就可长2.5 cm，而且蔓延迅速，6~9月平均3.3 d可长出一片新株；种子于5~7月萌发出苗，3.5叶龄后伸出地下茎，4.5~5.5叶龄发出再生苗；7~9月开花结果。种子成熟后，随水或夹杂于稻谷中传播。

（六）水莎草

【形态特征】株高30~100 cm；秆散生、直立，较粗壮，扁三棱形。

叶片条形，稍粗糙；叶鞘腹面棕色；苞片叶状、3~4枚，长于花序；花序长侧枝聚散型复出，有4~7条辐射枝，每枝有1~3个穗状小花序，每个花序具4~18个小穗；小穗条状披针形，稍膨胀，具10~30花；穗轴有白色透明的翅；鳞片2列，宽卵形，先端钝，背部绿色，两侧褐红色（图4-47）。

小坚果卵圆形，平凸状，有突起的细点。

【生物学特性】莎草科多年生草本，根茎和种子繁殖。繁殖体发芽最低温度为5℃，适宜温度为20~30℃，最高45℃；出苗土层深度在15 cm以内，最适宜不超

幼苗　　　　　　　　　　　　　　　　　花序

图4-47　水莎草

过6 cm。5~6月出苗,7~8月开花,9~10月成熟。

(七)碎米莎草

【形态特征】株高8~85 cm;秆丛生、直立,扁三棱形。

幼苗第一叶条状披针形,长2 cm,横断面呈"U"形;叶基生,短于秆,宽3~5 mm;叶鞘红褐色;叶状苞片3~5枚,下部2~3枚,长于花序。

花序长侧枝聚伞形复出,具4~9条辐射枝,长达12 cm,每辐射枝具5~10个穗状花序;穗状花序,长1~4 cm,具小穗5~22个;小穗排列疏松,长圆形至线状披针形,压扁,长4~10 mm,具花6~22朵;鳞片排列疏松,膜质,宽倒卵形,

图4-48　碎米莎草

先端微缺，背部有绿色龙骨突起，具3~5脉，两侧黄色；3个雄蕊；花柱短，3个柱头（图4-48）。

小坚果倒卵形或椭圆形、三棱形，黑褐色，与鳞片近等长。

【生物学特性】莎草科一年生草本，种子繁殖。5~8月陆续都有出苗，6~10月抽穗、开花、结果。成熟后全株枯死。

（八）异型莎草

【形态特征】株高20~65 cm；秆丛生，扁三棱形。

幼苗叶淡绿色至黄绿色，基部略带紫色，全体光滑无毛；第一~三叶期条形，稍呈波状变曲，长5~20 mm；四叶期以后开始分蘖，叶鞘闭合；叶基生，条形，短于秆；叶鞘稍长，淡褐色，有时带紫色；苞片叶状2或3枚，长于花序。

花序长侧枝聚伞形，具3~9条辐射枝；小穗多数，集成球状，具花8~28朵；鳞片扁圆形，长不及1 mm，背部有淡黄色的龙骨状突起，两侧深红色或粟色，有3脉（图4-49）。

小坚果倒卵形或椭圆形，有三棱，淡黄色，与鳞片近等长。

图4-49 异型莎草

【生物学特性】莎草科一年生草本，种子繁殖。种子发芽适宜温度30~40℃，适宜出苗土层深度为2~3 cm。我国北方地区异型莎草在5~6月出苗，8~9月种子成熟落地或随风力和流水向外传播，经越冬休眠后萌发出苗。

异型莎草的种子繁殖量大，一株可结籽5.9万粒，可发芽60%，因而在集中发生的地块，密度高达480～1 200株/平方米。又因该种子小而轻，易传播。

（九）香附子

【形态特征】株高20～95 cm；秆散生、直立，锐三棱形，具地下横走根茎，顶端膨大成块茎，有香味。

叶片窄线形，长20～60 cm，宽2～5 mm，先端尖，全缘，具平行脉。主脉于背面隆起，质硬。叶丛生于茎基部，短于秆。叶鞘闭合包于上，苞片叶状、3～5枚，下部2～3枚，长于花序。

花序复穗状，3～10个辐射枝，每枝有3～10个排列成伞状形的小穗；小穗条形，略扁平，长1～3 cm，宽约1.5 mm，具6～26朵花，穗轴有白色透明的翅；鳞片卵形或宽卵形，背面中间绿色，两侧紫红色（图4-50）。

小坚果长圆倒卵形，三棱状，暗褐色，具细点。

【生物学特性】莎草科多年生草本，种子或块茎繁殖。块茎发芽的最低温度为13℃，最适宜温度30～35℃，最高温度40℃。香附子较耐热而不耐寒，冬天在－5℃以下开始死亡，所以香附子不能在寒带地区生存。块茎集中于10 cm深以上的土层中，个别的可深达30～50 cm。香附子较为喜光，遮荫能明显影响块

幼苗

植株

花序

图4-50　香附子

茎的形成。

香附子的生命力比较顽强，存活的临界含水量为11%～16%，通常在地下挖出单个块茎暴晒3 d，仍有50%存活。块茎的大小和成熟不同，发芽率基本没有差异。块茎的繁殖力惊人，在适宜的条件下，1个块茎100 d可繁殖100多棵植株。种子易传播。

（十）牛毛毡

【形态特征】株高7～12 cm，具地下纤细横走匍匐茎，地上茎直立，秆密丛生，细如牛毛。

幼苗细针状，叶退化，在茎基部2～3 cm处具叶鞘。

穗状花序，狭卵形至线状或椭圆形略扁，浅褐色，花数朵；鳞片卵形，浅绿色，鳞片内全有花，膜质，下部似2裂，基部的一片矩圆形，具3脉，抱小穗轴一周，具1脉，背部淡绿色，两侧紫色，下位刚毛1～4条，长为坚果的2倍，有倒刺；花柱头3裂，雄蕊3个，雌蕊1个；小坚果狭矩圆形，无棱，表面有隆起网纹。

【生物学特性】莎草科多年生草本，根茎和种子繁殖。繁殖体发芽，适宜发芽土层深度为1～2 cm，深层没有发芽的种子可存活3年以上。越冬根茎和种子5～6月相继萌发出土，夏季开花结实，8～9月种子成熟，同时产生大量的根茎和越冬芽。

牛毛毡虽然小，但繁殖能力极强，蔓延迅速。通过无性和有性繁殖，常在稻田形成毡状群落，严重影响水稻生长，并有一部分种子借助水流和风力向外传播。

（十一）矮慈菇

【形态特征】株高10~20 cm；具地下横走根茎，先端膨大成球状块茎；幼苗初生叶与后生叶相似；叶基生，条形或条状皮针状，顶端钝，基部渐窄，稍厚，网脉明显；矮慈菇平均每株生长26~27片叶，但由于老叶不断腐烂，通常只见到12片左右。

花序圆锥状伞形；花葶直立；花少数，轮生，有2~3轮，单性；雌花生于下部，通常1朵，无梗；雄花生于上部，2~5朵，有细长梗；苞叶长椭圆形；萼片3枚，倒卵形，花瓣3枚，白色；心皮多数，集成球圆形；瘦果宽倒卵形，扁平，两侧具狭翅，翅缘有不整齐锯齿（图4-51）。

幼苗

花序

图4-51 矮慈菇

【生物学特性】泽泻科一年生草本，块茎和种子繁殖。越冬块茎于5~6月发芽出苗，6月中旬至8月下旬在地下大量形成横走茎，横走茎先端陆续膨大形成球状块茎，早期块茎当年可以萌发出苗。块茎苗于6月中旬开始抽薹、现蕾，7~

8月开花，8～9月种子成熟渐次落地。10月上旬后植株渐次枯死。实生苗较越冬苗发生期晚半个月。

块茎分布与耕层深度有关，浅耕块茎则多分布在3～6 cm深的土层中，深耕块茎多分布在3～9 cm深的土层中。矮慈菇有极强的无性繁殖能力，1株块茎苗1年可繁殖300株以上，但有性繁殖能力较弱，在田间雌花授粉率约为6%。在0.5 cm深以上表土层的种子出苗率占总出苗率的58%，1～2 cm深占33.1%，3 cm深只占8.9%，超过此深度不能出苗。因此，种子繁殖不起主要作用。

（十二）鸭舌草

【形态特征】株高2～40 cm；根状茎极短，具柔软须根，茎直立或斜上；全株光滑无毛，有时呈披散状。

叶基生或茎生，基生叶具长柄，茎生叶具短柄，基部成鞘；叶片形状和大小变化较大，心形、宽卵形、长卵形至披针形，长2～7 cm，宽0.8～5.0 cm，顶端短突尖或渐尖，基部圆形或浅心形，全缘，具弧状脉；叶鞘长2～4 cm，顶端有舌状体，长0.7～1.0 cm。

花序总状，腋生，从叶柄中部抽出，该处叶柄扩大成鞘状；花序梗短，长1.0～1.5 cm，基部有一披针形苞片；花序在花期直立，果期下弯，通常有花3～7朵，蓝色；花被片卵状披针形或长圆形，裂片6枚，长1.0～1.5 cm；花梗较短，雄蕊6枚（图4-52）。

蒴果卵形至长圆形，长约1 cm。

幼苗　　　　　　　　　　　花序

图4-52　鸭舌草

【生物学特性】雨久花科一年生草本，种子繁殖。种子发芽温度为20～40℃，最适宜温度30℃左右，变温和明暗光交替条件下有利于种子发芽；适宜出苗土层深度为0～1 cm。

（十三）眼子菜

【形态特征】眼子菜具地下横走根茎，株高可达50 cm，茎细长。

浮水叶互生，花序下的叶对生，叶柄较长，叶片宽披针形至椭圆形，长5～10 cm，宽2～4 cm，有光泽，全缘；沉水叶也互生，叶片皮针状或条形披针形，叶柄较短；托叶膜质，早落。

花序穗状，圆锥形，花黄绿色（图4-53）。

小坚果宽卵形，背面具3脊，基部有两突起。

植株　　　　　　　　　　　　　　　　　花序

图4-53　眼子菜

【生物学特性】眼子菜科多年生草本，根茎和种子繁殖，根茎发芽的最低温度为15℃，最适宜的温度为20～25℃，适宜的出苗土层深度为5～10 cm，最深20 cm。水层限深为1 m。种子发芽的最低温度为20℃，生长适宜温度与发芽温度同，30℃受抑制，40℃致死。在我国北方地区，根茎4～5月开始长根茎，5月发芽，同时叶片由红转绿，6月速长，7～8月抽穗开花，8～9月种子成熟。同时在根茎顶端产生向一边弯曲的鸡爪状越冬芽。种子成熟后可随水流传播，经越冬休眠后，于翌年5~6月萌发出苗。实生苗生长缓慢，2~3年后才能抽穗开花结实。鸡爪芽分布的深度和形成时期，与水层深度、耕层深度及土质有关系，水层深、耕层深的黏质土则分布深；反之，则浅。

（十四）菹草

【形态特征】具近圆柱形的根茎，茎稍扁，多分枝，近基部常匍匐地面，于节间生出疏或稍密的须根。

叶条形，无柄，长3~8 cm，宽3~10 mm，先端钝圆。叶缘呈浅波状，具疏或稍密的细锯齿。叶脉3~5条，平行，顶端连接。托叶薄膜质，长5~10 mm，早落。休眠芽腋生，略似松果，长1~3 cm。革质叶左右两列密生，基部扩张、肥厚、坚硬，边缘具有细锯齿。

穗状花序顶生，具花2~4轮，初时每轮2朵对生，穗轴伸长后常稍不对称；花序梗棒状，较茎细；花小，淡绿色，雌蕊4枚，基部合生（图4-54）。

果实卵形，长3.5 mm。

植株　　　　　　　　　　　　　　　　　花序

图4-54　菹草

【生物学特性】眼子菜科多年生沉水草本，以种子、根状茎及芽苞（石芽、冬芽）繁殖。花期3~7月，果期4~9月。

（十五）浮萍

【形态特征】根1条，纤细，长3~4 cm，具鞘状根冠。

叶状体对称，倒卵形或椭圆形，长1.5~6.0 mm，绿色；花单性，雌雄同株，生于叶状体边的开裂处；苞叶苞囊状，内有雌花1朵、雄花2朵（图4-55）。

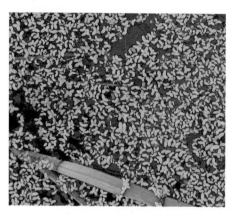 

图4-55　浮萍

果实近陀螺形，种子1粒。

【生物学特性】浮萍科一年生小草本，种子繁殖。春季越冬芽浮于水面生长，夏季开花结果，入冬芽沉入水底越冬。生育期4~11个月，常密集水面形成漂浮群体，单一或与紫萍混生。

(十六)陌上菜

【形态特征】苗叶卵状、披针形，先端渐尖，叶基楔形，有1条明显中脉，有短柄。下胚轴及上胚轴均不发达。

根细密成丛；茎高5~20 cm，基部多分枝，无毛。

叶无柄，叶片椭圆形至矩圆形，长1.0~2.5 cm，宽6~12 mm。顶端钝至圆头，全缘或有不明显的钝齿，两面无毛。叶脉并行，自叶基发出3~5条。

植株　　　　　　　　　　　　　　　　花序

图4-56　陌上菜

花单生于叶腋，花梗纤细，长1.2～2.0 cm，比叶长，无毛。萼仅基部联合，有5齿，条状披针形，长4 mm。顶端钝头，微被短毛。花冠粉红色或紫色，长5～7 mm，管长3.5 mm。雄蕊4枚，花药基部微凹，柱头2裂（图4-56）。

蒴果球形或卵球形，与萼近等长，室间2裂；种子多数，有格纹。花期7～10月，果期9～11月。

【生物学特性】玄参科 一年生草本，种子繁殖。喜湿，为稻田常见杂草，量大，危害较重。

（十七）水苋菜

【形态特征】茎直立，无毛，高10～50 cm；多分枝，带淡紫色，4棱，具狭翅。

叶长椭圆形、矩圆形或披针形，生于茎上的叶长达7 cm；生于侧枝的叶较小，长6～15 mm，宽3～5 mm。顶端短尖或钝形，基部渐狭，侧脉不明显，近无柄。

聚伞花序或花束，花梗长1.5 mm；花极小，长1 mm，绿色或淡紫色；花萼蕾期钟形，裂片4，正三角形。通常无花瓣；雄蕊通常4枚，贴生于萼筒中部；子房球形，花柱极短或无花柱（图4-57）。

蒴果球形，紫红色，直径1.2～1.5 mm；种子极小，近三角形，黑色。

植株　　　　　　　　　　　　　　　花序

图4-57　水苋菜

【生物学特性】千屈菜科一年生草本，种子繁殖；发芽的最适宜温度25℃，种子萌发需要较高的含水量，最适宜的土壤含水量要大于50%。花期8～10月，果期9～12月。

（十八）蔊菜

【形态特征】株高20～40 cm，植株较粗壮，无毛或具疏毛。茎单一或分枝，表面具纵沟。

叶互生，基生叶和下部叶具长柄。叶形多变化，通常大头羽状分裂，长4～10 cm，宽1.5～2.5 cm。顶端裂片大，卵状披针形，边缘具疏齿，侧裂片1～5对；茎上部叶片宽，披针形或匙形，边缘具疏齿，具短柄或基部耳状抱茎（图4-58）。

图4-58　蔊菜

总状花序顶生或侧生，花小，多数，具细花梗；4个萼片，卵状长圆形，长3～4 mm；4个花瓣4，黄色，匙形，基部渐狭成短爪，与萼片近等长；雄蕊6枚，2枚稍短。

长角果线状圆柱形，短而粗，长1～2 cm，宽1.0～1.5 mm，直立或稍内弯，成熟时果瓣隆起；果梗纤细，长3～5 mm，斜升或近水平开展。种子每室2行，细小，卵圆形，一端微凹，表面褐色，具细网纹。

【生物学特性】十字花科一、二年生直立草本，花期4～6月，果期6～8月。

（十九）毛草龙

【形态特征】亚灌木状草本，高0.3～1.0 m。茎直立，稍具纵棱，幼时绿色，老时变红色，茎上部中空，全株被柔毛。

叶互生，几无柄；叶片披针形或条状披针形，长3~15 cm，宽1~2.5 cm；先端渐尖，基部渐狭，全缘，两面密被柔毛。

花两性，单生于叶腋，近无梗；萼筒线形，萼片4片，长卵形，长6~15 mm，具3脉，宿存；花瓣4片，黄色，倒卵形，先端微凹，具4对明显脉纹，长8~10 mm；雄蕊8枚；子房下位，柱头头状（图4-59）。

植株 　　　　　　　　　　　　　　花序

图4-59　毛草龙

蒴果圆柱形，绿色或淡紫色，长2~5 cm，直径为5 mm，被毛，具棱，棱间开裂；种子多数，近半球形，种脊明显。

【生物学特性】柳叶菜科一年生草本，种子随流水或风传播、繁殖；在江上游稻田中生长的5~6月出苗，花果期为7~10月。

（二十）泽泻

【形态特征】块茎直径1.0~3.5 cm或更大。叶通常多数；沉水叶条形或披针形；挺水叶宽披针形、椭圆形至卵形，长2~11 cm，宽1.3~7.0 cm，先端渐尖，基部宽楔形、浅心形，叶脉通常5条，叶柄长1.5~30.0 cm，基部渐宽，边缘膜质。

花序长15~50 cm，具3~8轮分枝，每轮3~9分枝。花药长1 mm，椭圆形，黄色或淡绿色；花托平凸，高0.3 mm，近圆形（图4-60）。

瘦果椭圆形或近矩圆形，长2.5 mm，宽1.5 mm，背部具1~2条不明显浅沟。种子紫褐色，具凸起。花果期5~10月。

【生物学特性】泽泻科多年生水生或沼生草本，可以种子繁殖、分芽繁殖或块茎繁殖。生长期约180 d，苗期为30 d，成株期为150 d。种子成熟度不一，出苗有

块茎

植株

花序

花

图4-60 泽泻

先后。种子在气温30℃时,经一昼即可发芽;气温在28℃以上时,种子发芽至第一片真叶长出只需5~7 d。秋季地上植株和地下块茎生长迅速,冬季生长极为缓慢。

(二十一)节节菜

【形态特征】多分枝,节上生根,茎具4棱,基部匍匐,上部直立或稍披散。

叶对生,无柄或近无柄,倒卵状、椭圆形,长4~17 mm,宽3~8 mm。花小,通常组成腋生长8~25 mm的穗状花序,稀单生。苞片叶状,矩圆状倒卵形,长4~5 mm(图4-61)。

植株　　　　　　　　　　　　　　　　花序

图4-61　节节菜

蒴果椭圆形，稍有棱，长1.5 mm，2瓣裂。花期9~10月，果期10月至翌年4月。

【生物学特性】千屈菜科一年生草本，种子繁殖。节节菜是夏秋季水稻田中常见的杂草。

第五章

北方水稻品种

一、国审品种

（一）东北单季稻品种

1. 五优17

审定编号：国审稻2013042。

选育单位：沈阳杰玉杂交粳稻科技开发有限责任公司。

品种来源：五A×C17。

特征特性：粳型三系杂交水稻品种。全生育期平均149.9 d，比对照吉玉粳长4.6 d。株高107.1 cm，穗长16.6 cm，每亩有效穗29.8万，每穗平均117.8粒，结实率89.0%，千粒重24.7 g。抗性：稻瘟病综合抗性指数3.2级，穗颈瘟损失率最高级5级；中感稻瘟病。米质：整精米率67.6%，垩白粒率16.5%，垩白度1.6%，胶稠度84.8 mm，直链淀粉含量16.5%，达到国家《优质稻谷》标准2级。两年区域试验平均亩产678.1 kg，比吉玉粳增产11.7%。2012年生产试验平均亩产642.6 kg，比吉玉粳增产8.1%（图5−1）。

适宜在吉林中熟稻区、辽宁东北部、宁夏引黄灌区种植。

图5-1 五优17

2. 铁粳11号

审定编号：国审稻2014041。

育种单位：铁岭市农业科学院。

品种来源：辽294/9621。

特征特性：粳型常规水稻品种。全生育期159.7 d，比对照秋光晚熟4.7 d。株高100.9 cm，穗长16.6 cm，每穗平均139.8粒，结实率83%，千粒重22.8 g。抗性：稻瘟病综合抗性指数2.7，穗颈瘟损失率最高级5级。米质：整精米率66.6%，垩白米率9.5%，垩白度0.6%，直链淀粉含量16.6%，胶稠度83 mm，达到国家《优质稻谷》标准1级。两年区域试验平均亩产673.2 kg，比秋光增产3.1%；2013年生产试验平均亩产664.7 kg，比秋光增产10.1%（图5-2）。

图5-2 铁粳11号

适宜吉林晚熟稻区、辽宁北部、宁夏引黄灌区、内蒙古赤峰地区和南疆稻区种植。

3. 粳优586

审定编号：国审稻2015053。

育种单位：辽宁省稻作研究所。

品种来源：粳139A×C586。

特征特性：三系杂交粳稻。分蘖力较强；株型紧凑，茎秆粗壮，叶片直立；株高110 cm左右，穗长18～20 cm，每穗130～150粒，千粒重26.8 g，植株活秆成熟不早衰；生育期159 d；米优良，抗病、抗倒伏能力强。两年区域试验平均亩产631.84 kg，比对照津原85增产5.43%。2014年生产试验平均亩产690.82 kg，较对照津原85增产8.44%（图5-3）。

适宜在沈阳以南中晚熟稻区种植，或在河北、天津、北京等适宜稻区种植。

图5-3　粳优586

4. 品种名称：松辽838

审定编号：国审稻2016053。

育种单位：公主岭市松辽农业科学研究所。

品种来源：M26/秋田小町。

特征特性：粳型常规水稻品种。全生育期平均148.7 d，比对照吉玉粳晚熟6.6 d。株高103.6 cm，穗长17.7 cm，每穗平均129.8粒，结实率92%，千粒重23.4 g。抗性：稻瘟病综合抗性指数为0.7，穗颈瘟损失率最高级3级。米质：整精米率73.4%，垩白粒率14.3%，垩白度2.1%，直链淀粉含量15%，胶稠度82 mm，达到国家《优质稻谷》标准2级。两年区域试验平均亩产599.75 kg，较对照吉玉粳增产1.91%。2015年生产试验平均亩产672.14 kg，较对照吉玉粳增产10.13%（图5-4）。

适宜在吉林晚熟稻区、辽宁东北部、宁夏引黄灌区以及内蒙古赤峰地区种植。

图5-4 松辽838

5. 中科804

审定编号：国审稻20170080。

育种单位：中国科学院遗传与发育生物学研究所、中国农业科学院深圳农业基因组研究所、中国科学院北方粳稻分子育种联合研究中心。

品种来源：吉粳88/南方长粒粳。

特征特性：粳型常规水稻品种。东北、西北晚熟稻区种植全生育期平均150.1 d，比对照秋光早熟3 d。株高105.9 cm，穗长17.8 cm，每亩有效穗30.6万，每穗平均117.6粒，结实率87.4%，千粒重25 g。抗性：中抗稻瘟，稻瘟病综合抗性指数为1.3，穗颈瘟损失率最高级3级。米质：整精米率63.7%，垩白粒率12.3%，垩白度2.1%，直链淀粉含量16.7%，胶稠度65.3 mm，达到国家《优质稻谷》标准3级。两年区域试验平均亩产710.44 kg，比秋光增产8.4%。2016年生产试验平均亩产700.7 kg，较秋光增产5.79%（图5-5）。

适宜在吉林晚熟稻区、辽宁北部、宁夏引黄灌区、内蒙古赤峰地区、北疆沿天山稻区和南疆稻区种植。

图5-5　中科804

6. 中科发5号

国审编号：国审稻20180077。

育种单位：中国科学院遗传与发育生物学研究所。

品种来源：空育131/南方长粒粳//吉粳88。

特征特性：粳型常规水稻品种。全生育期150.1 d，比对照吉玉粳晚熟4.8 d。株型紧凑，生长清秀，后期转色快，剑叶挺，秆青籽黄，分蘖能力较强，株高102.8 cm，穗长17.8 cm，每亩有效穗27.3万，每穗平均118.3粒，结实率79.9%，千粒重26.9 g。抗性：中感稻瘟病，稻瘟病综合抗性指数为2.0，穗颈瘟损失率最高级5级。米质：整精米率70.1%，垩白粒率6.0%，垩白度1.8%，直链淀粉含量16.1%，胶稠度70 mm，长宽比3∶1，达到农业部颁《食用稻品种品质》标准2级。两年区域试验平均亩产688.84 kg，比对照吉玉粳增产9.32%；2017年生产试验，平均亩产653.68 kg，比对照吉玉粳增产14.86%（图5-6）。

适宜在黑龙江第一积温带上限、吉林中熟稻区、辽宁东北部、宁夏引黄灌区、

3%，直链淀粉含量15%，胶稠度87.3 mm，达到国家《优质稻谷》标准2级。两年区域试验平均亩产697.91 kg，比对照秋光增产3.17%。2015年生产试验平均亩产700.45 kg，较对照秋光增产7.79%（图5-7）。

适宜在吉林晚熟稻区、辽宁北部、宁夏引黄灌区、内蒙古赤峰地区、北疆沿天山稻区和南疆稻区种植。

（三）华北单季稻区国审品种

1. 大粮202

审定编号：国审稻2010047。

选育单位：山东省临沂市大粮种业有限公司。

品种来源：临稻10号/焦选D2。

特征特性：全生育期平均153.4 d，比对照9优418早熟4.5 d。株高97.7 cm，穗长16.9 cm，每穗平均138.5粒，结实率86.6%，千粒重26.2 g。抗性：稻瘟病综合抗性指数为5，穗颈瘟损失率最高级5级，条纹叶枯病最高发病率2%。米质：整精米率66.1%，垩白粒率34.5%，垩白度3.1%，胶稠度83.5 mm，直链淀粉含量17.1%。2007~2008年两年区域试验平均亩产641.3 kg，2009年生产试验平均亩产580.8 kg（图5-8）。

适宜在河南沿黄、山东南部、江苏淮北、安徽沿淮及淮北地区种植。

图5-8　大粮202

2. 大粮203

审定编号：国审稻2010043。

选育单位：山东省临沂市大粮种业有限公司。

品种来源：临稻10号/焦选D2。

特征特性：全生育期平均155.1 d，株高103.8 cm，穗长16.8 cm，每穗平均145.3粒，结实率86.1%，千粒重25.8 g。抗性：稻瘟病综合抗性指数为4，穗颈瘟损失率最高级3级，条纹叶枯病最高发病率3.8%。米质：整精米率67.2%，垩白粒率37.5%，垩白度3.2%，胶稠度85 mm，直链淀粉含量16.4%。2008～2009年两年区域试验平均亩产646.6 kg，2009年生产试验平均亩产588.8 kg（图5-9）。

适宜在河南沿黄、山东南部、江苏淮北、安徽沿淮及淮北地区种植。

图5-9 大粮203

3. 中作稻2号

审定编号：国审稻2013037。

育种单位：中国农业科学院作物科学研究所、连云港市农业科学院。

品种来源：连粳95-1/连0111。

特征特性：粳型常规水稻品种。全生育期平均180.6 d，比对照津原45长4.7 d。株高113.6 cm，穗长16.2 cm，每亩有效穗24.7万，每穗平均133.1粒，结实率89%，千粒重25.7 g。抗性：稻瘟病综合抗性指数为3.5，穗颈瘟损失率最高级3级，中抗稻瘟病；抗条纹叶枯病，条纹叶枯病最高发病率6%。米质：整精米率63.8%，垩白米率39.5%，垩白度2.8%，直链淀粉含量18%，胶稠度80 mm。两年区域试验平均亩产642.4 kg，比津原45增产6.9%。2012年生产试验平均亩产630.3 kg，比津原45增产9.4%（图5-10）。

适宜在北京、天津、山东东营、河北东部，以及中北部一季春稻区种植。

图5-10　中作稻2号

4. 金穗9

审定编号：国审稻2013039。

育种单位：河北省农林科学院滨海农业研究所。

品种来源：（冀粳14/津原45）F1/垦优2000。

特征特性：全生育期平均177.2 d，比对照津原45晚熟1.3 d，株高121.6 cm，穗长17.4 cm，每穗平均122.9粒，结实率86.9%，千粒重26.5 g。抗性：经国家区试抗病鉴定指定单位鉴定，稻瘟病综合抗性指数3.5级，穗颈瘟损失率最高级3级，中抗稻瘟。抗条纹叶枯病（最高发病率13%）。米质：整精米率70.4%，垩白米率8.8%，垩白度0.7%，直链淀粉17.1%，胶稠度80 mm，达到国家《优质稻谷》标准1级。2010～2011年两年区域试验平均亩产609 kg，比对照津原45增产1.3%（图5-11）。

适宜在山东东营、河北东部及中北部一季春稻区种植。

图5-11　金穗9

5. 金粳优11号

审定编号：国审稻2013041。

选育单位：天津市水稻研究所。

品种来源：金粳11A×津恢1号。

特征特性：粳型三系杂交水稻品种。全生育期平均162.5 d，比对照津原85长2.5 d。株高119.6 cm，穗长19.9 cm，每亩有效穗20.7万，每穗平均168.7粒，结实率78.5%，千粒重24.2 g。抗性：稻瘟病综合抗性指数为3.5级，穗颈瘟损失率最高级3级，中抗稻瘟病；抗条纹叶枯病，条纹叶枯病最高发病率6.2%。米质：整精米率63.7%，垩白粒率33%，垩白度4.5%，直链淀粉含量15.7%，胶稠度

图5-12　金粳优11号

81 mm。两年区域试验平均亩产648.2 kg，2012年生产试验平均亩产664.9 kg（图5-12）。

适宜在辽宁省南部、北京市、天津市稻区种植。

6. 光灿1号

审定编号：20140038。

育种单位：获嘉县友光农作物研究所。

品种来源：豫粳6号/豫粳7号//黄金晴///东俊5号。

特征特性：粳型常规水稻品种。全生育期160.4 d，比对照徐稻3号晚熟3.7 d。株高99.6 cm，穗长14.8 cm，每穗平均134.8粒，结实率85.4%，千粒重26.7 g。抗性：稻瘟病综合抗性指数为2.1，穗颈瘟损失率最高级1级，条纹叶枯病最高发病率2.6%，高抗条纹叶枯病。米质：整精米率69.5%，垩白米率42.8%，垩白度4.4%，直链淀粉含量16.9%，胶稠度83.5 mm。两年区域试验平均亩产651.4 kg，比徐稻3号增产6.1%；2013年生产试验平均亩产630.6 kg，比徐稻3号增产8.0%（图5-13）。

适宜河南沿黄、山东南部、江苏淮北、安徽沿淮及淮北地区种植。

图5-13　光灿1号

7. 金粳818

审定编号：国审稻2014046。

育种单位：天津市水稻研究所。

品种来源：津稻9618/津稻1007。

特征特性：粳型常规水稻品种。全生育期155.4 d，比对照徐稻3号短1.5 d。株高101.1 cm，穗长15.5 cm，每亩有效穗20.5万，每穗平均136.2粒，结实率87.4%，千粒重23.5 g。抗性：稻瘟病综合抗性指数为4.1，穗颈瘟损失率最高级3级，条纹叶枯病最高发病率6.9%；抗条纹叶枯病。米质：整精米率68.4%，垩白粒率19.8%，垩白度1.9%，直链淀粉含量17.8%，胶稠度80 mm，达到国家《优质稻谷》标准2级。两年区域试验平均亩产595.3 kg，比徐稻3号增产2.5%。2012年生产试验平均亩产684.1 kg，比徐稻3号增产3.6%（图5-14）。

适宜河南沿黄、山东南部、江苏淮北、安徽沿淮及淮北地区种植。

图5-14　金粳818

8. 津稻179

审定编号：国审稻2014039。

育种单位：天津市农作物研究所、天津市国瑞谷物科技发展有限公司。

品种来源：津稻9618/R148。

特征特性：粳型常规水稻品种。全生育期175.4 d，与对照津原45相当。株高114.9 cm，穗长21.3 cm，每穗平均139.5粒，结实率92.3%，千粒重25.1 g。抗性：稻瘟病综合抗性指数为3.0，穗颈瘟损失率最高级5级，中感稻瘟病。高抗条纹叶枯病，条纹叶枯病最高发病率4.3%。米质：整精米率72.3%，垩白米率11.3%，垩白度0.9%，直链淀粉含量16.7%，胶稠度84.3 mm，达到国家《优质稻

图 5-15　津稻 179

谷》标准 2 级。两年区域试验平均亩产 660.0 kg，比对照津原 45 增产 6.3%；2013年生产试验平均亩产 638.4 kg，比对照津原 45 增产 8.8%（图 5-15）。

适宜北京、天津、山东东营、河北冀东及中北部一季春稻区种植。

9. 新稻 25

审定编号：国审稻 2014045。

育种单位：河南省新乡市农业科学院。

品种来源：郑粳 9018/ 镇稻 88。

特征特性：粳型常规水稻品种。全生育期 155.5 d，比对照徐稻 3 号短 1 d。株高 103.9 cm，穗长 17.5 cm，每亩有效穗 18.6 万，每穗平均 163.2 粒，结实率85.6%，千粒重 23.5 g。抗性：稻瘟病综合抗性指数 4.9，穗瘟损失率最高级 3 级，

图 5-16　新稻 25

条纹叶枯病最高发病率2.7%，中抗稻瘟，高抗条纹叶枯病。米质：整精米率69.5%，垩白粒率20.8%，垩白度1.6%，胶稠度78 mm，直链淀粉含量18.2%，达到国家《优质稻谷》标准3级。两年区域试验平均亩产614.0 kg，比徐稻3号增产5.7%。2011年生产试验平均亩产697.7 kg，比徐稻3号增产5.7%（图5-16）。

适宜河南沿黄、山东南部、江苏淮北、安徽沿淮及淮北地区种植。

10. 徐稻8号

审定编号：国审稻2014037。

育种单位：江苏徐淮地区徐州农业科学研究所。

品种来源：徐21596/镇稻99。

特征特性：粳型常规水稻品种。全生育期156.5 d，与对照徐稻3号相当。株高103.1 cm，穗长16.4 cm，每穗平均137.1粒，结实率88.3%，千粒重25.2 g。抗性：中抗稻瘟病，稻瘟病综合抗性指数为3.1，穗颈瘟损失率最高级3级；抗条纹叶枯病，条纹叶枯病最高发病率6.01%。米质：整精米率65.4%，垩白米率33.3%，垩白度2.4%，直链淀粉含量16.0%，胶稠度82.5 mm。两年区域试验平均亩产639.4 kg，比徐稻3号增产5.1%；2013年生产试验平均亩产597.1 kg，比徐稻3号增产6.5%（图5-17）。

适宜河南沿黄、山东南部、江苏淮北、安徽沿淮及淮北地区种植。

图5-17 徐稻8号

11. 5优68

审定编号：国审稻2015052。

育种单位：天津市水稻研究所。

品种来源：5A×R68。

特征特性：粳型杂交水稻品种。全生育期163 d，比对照津原85晚熟4.4 d。株高109.4 cm，穗长18.3 cm，每穗平均144.4粒，结实率79.3%，千粒重26.1 g。抗性：稻瘟病综合抗性指数为3.8，穗颈瘟损失率最高级5级，中感稻瘟病。米质：整精米率62.7%，垩白米率26.5%，垩白度3%，直链淀粉含量15.5%，胶稠度88 mm，达到国家《优质稻谷》标准3级。2012~2013年两年区域试验平均亩产660.8 kg，比对照津原85增产10.26%。2014年生产试验平均亩产659.8 kg，比对照津原85增产3.57%（图5-18）。

适宜辽宁省南部、新疆南部、北京市、天津市稻区种植。

图5-18　5优68

12. 京粳1号

审定编号：国审稻2015047。

育种单位：中国农业科学院作物科学研究所、河南金博士种业股份有限公司。

品种来源：中系8702/雨田102。

特征特性：粳型常规水稻品种。全生育期154.5 d，比对照徐稻3号早熟2.3 d。株高98.5 cm，穗长16.3 cm，每穗平均149.4粒，结实率86.8%，千粒重25.7 g。抗性：中感稻瘟病，稻瘟病综合抗性指数为4.5，穗颈瘟损失率最高级5级；中感条纹叶枯病，条纹叶枯病最高发病率28.57%。米质：整精米率66.5%，垩白米率30.0%，垩白度3.0%，直链淀粉含量15.2%，胶稠度87 mm，达到国家《优质稻

图5-19　京粳1号

谷》标准3级。2012~2013年两年区域试验平均亩产648.5 kg，比对照徐稻3号增产2.84%。2014年生产试验平均亩产621.9 kg，比对照徐稻3号增产3.5%（图5-19）。

适宜河南沿黄及信阳、山东南部、江苏淮北、安徽沿淮及淮北地区种植。

13. 精华208

审定编号：国审稻2015051。

育种单位：山东省郯城县种苗研究所。

品种来源：豫粳5号／镇稻88。

特征特性：粳型常规水稻品种。全生育期178.4 d，比对照津原45晚熟3.3 d。株高110.2 cm，穗长15.5 cm，每穗平均131.8粒，结实率88%，千粒重25.3 g。抗性：中抗稻瘟病，稻瘟病综合抗性指数为3.9，穗颈瘟损失率最高级3级；中感

图5-20　精华208

条纹叶枯病，条纹叶枯病最高发病率19.35%。米质：整精米率66.8%，垩白米率47.5%，垩白度5%，直链淀粉含量15.7%，胶稠度80 mm。2012～2013年两年区域试验平均亩产680.4 kg，比津原45增产9.63%。2014年生产试验平均亩产719.3 kg，比津原45增产13.42%（图5-20）。

适宜北京、天津、山东东营、河北冀东及中北部一季春稻区种植。

14. 连稻99

审定编号：国审稻2015045。

育种单位：江苏东海县守俊水稻研究所、江苏年年丰农业科技有限公司。

品种来源：镇稻99/中作85 h68// 丙00502。

特征特性：粳型常规水稻品种。全生育期160.1 d，比对照徐稻3号晚熟3.3 d。株高95.4cm，穗长15.8 cm，每穗平均144.7粒，结实率87.5%，千粒重25.4 g。抗性：中感稻瘟病，稻瘟病综合抗性指数为3.7，穗颈瘟损失率最高级5级；中抗条纹叶枯病，条纹叶枯病最高发病率9.38%。米质：整精米率71.5%，垩白米率29%，垩白度2.4%，直链淀粉含量15%，胶稠度72 mm，达到国家《优质稻谷》标准3级。2012～2013年两年区域试验平均亩产656.7 kg，比徐稻3号增产4.15%。2014年生产试验平均亩产652.8 kg，比徐稻3号增产8.64%（图5-21）。

适宜河南沿黄、山东南部、江苏淮北、安徽沿淮及淮北地区种植。

图5-21　连稻99

15. 隆粳968

审定编号：国审稻2015043。

育种单位：江苏徐淮地区淮阴农业科学研究所、安徽隆平高科种业有限公司。

品种来源：春江100/8994//甬18/淮稻6号。

特征特性：粳型常规水稻品种。全生育期155.3 d，比对照徐稻3号早熟1.5 d。株高100.4 cm，穗长17.9 cm，每穗平均154.9粒，结实率90.2%，千粒重25.9 g。抗性：中感稻瘟病，稻瘟病综合抗性指数为4.1，穗颈瘟损失率最高级5级；中抗条纹叶枯病，条纹叶枯病最高发病率10.71%。米质：整精米率69.6%，垩白米率30%，垩白度2.7%，直链淀粉含量15.4%，胶稠度64 mm，达到国家《优质稻谷》标准3级。2012～2013年两年区域试验平均亩产672.8 kg，比徐稻3号增产6.7%。2014年生产试验平均亩产639.5 kg，比徐稻3号增产6.43%（图5-22）。

适宜河南沿黄及信阳、山东南部、江苏淮北、安徽沿淮及淮北地区种植。

图5-22　隆粳968

16. 宁粳6号

审定编号：国审稻2015050。

育种单位：南京农业大学农学院。

品种来源：武运粳21/镇稻88//宁粳3号。

特征特性：粳型常规水稻品种。全生育期158.4 d，比对照徐稻3号晚熟1.5 d。株高102.5 cm，穗长16.6 cm，每穗平均155粒，结实率86.2%，千粒重24.8 g。抗性：中感稻瘟病，稻瘟病综合抗性指数为4.2，穗颈瘟损失率最高级5级；中感条

图5-23　宁粳6号

纹叶枯病，条纹叶枯病最高发病率21.21%。米质：整精米率70.3%，垩白米率20%，垩白度1.6%，直链淀粉含量15%，胶稠度76 mm，达到国家《优质稻谷》标准2级。2012~2013年两年区域试验平均亩产648.8 kg，比徐稻3号增产2.73%。2014年生产试验平均亩产624.6 kg，比徐稻3号增产6.47%（图5-23）。

适宜河南沿黄、山东南部、江苏淮北、安徽沿淮及淮北地区种植。

17. 徐稻9号

审定编号：国审稻2015049。

选育单位：江苏徐淮地区徐州农业科学研究所。

品种来源：40073/扬59。

特征特性：粳型常规水稻品种。全生育期155.9 d，比对照徐稻3号早熟1 d。株高96.7 cm，穗长16.4 cm，每穗平均140粒，结实率87.7%，千粒重26 g。抗性：中感稻瘟病，稻瘟病综合抗性指数为4.7，穗颈瘟损失率最高级5级；中抗条纹叶枯病，条纹叶枯病最高发病率10.71%。米质：整精米率70.2%，垩白米率24.5%，垩白度2.1%，直链淀粉含量15.7%，胶稠度73 mm，达到国家《优质稻谷》标准3级。2012~2013年两年区域试验平均亩产667.9 kg，比徐稻3号增产5.75%。2014年生产试验平均亩产629.2 kg，比徐稻3号增产7.25%（图5-24）。

适宜河南沿黄及信阳、山东南部、江苏淮北、安徽沿淮及淮北地区种植。

图5-24 徐稻9号

18. 玉稻518

审定编号：国审稻2015044。

育种单位：河南师范大学生命科学学院、新乡市农业科学院。

品种来源：新稻03518诱变。

特征特性：粳型常规水稻品种。全生育期155.4 d，比对照徐稻3号早熟1.4 d。株高102.9 cm，穗长16.9 cm，每穗平均143.7粒，结实率89.8%，千粒重27.7 g。

抗性：中抗稻瘟病，稻瘟病综合抗性指数为3.9，穗颈瘟损失率最高级3级；中感条纹叶枯病，条纹叶枯病最高发病率21.43%。米质：整精米率62.1%，垩白米率

图5-25 玉稻518

19.5%，垩白度2.1%，直链淀粉含量15.6%，胶稠度82 mm，达到国家《优质稻谷》标准3级。2012～2013年两年区域试验平均亩产679.3 kg，比徐稻3号增产7.73%。2014年生产试验平均亩产629.2 kg，比徐稻3号增产4.7%（图5-25）。

适宜河南沿黄及信阳、山东南部、江苏淮北、安徽沿淮及淮北地区种植。

19. 圣稻18

审定编号：国审稻2016048。

育种单位：山东省水稻研究所。

品种来源：圣稻14/ 圣06134。

特征特性：粳型常规水稻品种。黄淮粳稻区种植全生育期平均160.1 d，比对照徐稻3号晚熟2 d。株高95.9 cm，穗长17.3 cm，每穗平均156.4粒，结实率86.1%，千粒重24.7 g。抗性：稻瘟病综合抗性指数为2.1，穗颈瘟损失率最高级1级，条纹叶枯病抗性等级3级。米质：整精米率66.5%，垩白粒率24%，垩白度1.8%，直链淀粉含量16.2%，胶稠度67 mm，达到国家《优质稻谷》标准3级。2012～2013年两年区域试验平均亩产635.72 kg，比对照徐稻3号增产3.85%。2015年生产试验平均亩产661.26 kg，比对照徐稻3号增产5.7%（图5-26）。

适宜在河南沿黄、山东南部、江苏淮北、安徽沿淮及淮北地区种植。

图5-26　圣稻18

20. 连粳 16 号

审定编号：国审稻 20170072。

育种单位：江苏中江种业股份有限公司。

品种来源：连粳 5 号 /07 中粳预 16。

特征特性：粳型常规水稻品种。全生育期平均 158.2 d，比对照徐稻 3 号晚熟 2.7 d。株高 98.9 cm，穗长 17.6 cm，每亩有效穗 19.9 万，每穗平均 164.8 粒，结实率 87.9%，千粒重 25.7 g。抗性：稻瘟病综合抗性指数为 3.8，穗颈瘟损失率最高级 5 级，条纹叶枯病最高级 5 级，中感稻瘟和条纹叶枯病。米质：整精米率 64.1%，垩白粒率 13.3%，垩白度 2.4%，直链淀粉含量 15.9%，胶稠度 73 mm，达到国家《优质稻谷》标准 2 级。2015 ~ 2016 年两年区域试验平均亩产 678.28 kg，较徐稻 3 号增产 6.75%。2016 年生产试验平均亩产 671.92 kg，较徐稻 3 号增产 5.82%（图 5-27）。

适宜在河南沿黄及信阳地区、山东南部、江苏淮北、安徽沿淮及淮北地区种植。

图 5-27　连粳 16 号

21. 皖垦粳 3 号

国审编号：国审稻 20170071。

育种单位：安徽皖垦种业股份有限公司、江苏（武进）水稻研究所。

品种来源：徐稻 3 号 / 武运粳 19。

特征特性：粳型常规水稻品种。全生育期平均156.9 d，比对照徐稻3号晚熟1.4 d。株高95.5 cm，穗长15.6 cm，每亩有效穗20.5万，每穗平均160.7粒，结实率87.8%，千粒重25.8 g。抗性：中抗稻瘟，稻瘟病综合指数两年分别为4.0和3.7，穗颈瘟损失率最高级3级。中感条纹叶枯病，条纹叶枯病最高级5级。米质：整精米率68.6%，垩白粒率29%，垩白度5.9%，直链淀粉含量15.6%，胶稠度65 mm。2015～2016年两年区域试验平均亩产675.13 kg，比徐稻3号增产6.26%。2016年生产试验平均亩产670.44 kg，比徐稻3号增产5.59%（图5-28）。

适宜在河南沿黄及信阳地区、山东南部、江苏淮北、安徽沿淮及淮北地区种植。

图5-28　皖垦粳3号

22. 新科稻31

审定编号：国审稻20170074。

选育单位：河南省新乡市农业科学院。

品种来源：郑稻18号 / 新稻18号。

特征特性：粳型常规水稻品种。全生育期平均151.7 d，比对照徐稻3号早熟3.3 d。株高100.3 cm，穗长16.9 cm，每亩有效穗20.7万，每穗平均147.4粒，结实率91%，千粒重25.2 g。抗性：稻瘟病综合抗性指数两年分别为3.3和3.7，穗颈瘟损失率最高级3级，条纹叶枯病最高级5级，中抗稻瘟，中感条纹叶枯病。米质：整精米率67%，垩白粒率14.7%，垩白度3.2%，直链淀粉含量16.3%，胶稠度76 mm，达到国家《优质稻谷》标准3级。2015～2016年两年区域试验平均亩产

图5-29 新科稻31

674.76 kg，较徐稻3号增产7.15%。2016年生产试验平均亩产673.74 kg，较徐稻3号增产4.8%（图5-29）。

适宜在河南沿黄及信阳地区、山东南部、江苏淮北、安徽沿淮及淮北地区种植。

23. 镇稻21号

审定编号：国审稻20170077。

选育单位：江苏丘陵地区镇江农业科学研究所、江苏丰源种业有限公司。

品种来源：镇稻99/大粮203。

特征特性：粳型常规水稻品种。全生育期平均152.8 d，比对照徐稻3号早熟2.4 d。镇稻21号分蘖力中等，成穗率高，株型紧凑，剑叶挺拔，受光姿态好，功能期长，生长清秀，后期灌浆快，熟相好。株高97.9 cm，穗长15.7 cm，每亩有效穗20.6万，每穗平均152粒，结实率91%，千粒重25.4 g。抗性：稻瘟病综合抗性指数两年分别为4.5和3.4，穗颈瘟损失率最高级5级，条纹叶枯病最高级5级，中感稻瘟和条纹叶枯病。米质：整精米率70.5%，垩白粒率14.7%，垩白度2.4%，直链淀粉含量16.2%，胶稠度77 mm，达到国家《优质稻谷》标准2级。2015～2016年两年区试平均亩产669.99 kg，比徐稻3号增产5.81%。2016年生产试验平均亩产677.34 kg，比徐稻3号增产6.08%（图5-30）。

适宜在河南沿黄及信阳地区、山东南部、江苏淮北、安徽沿淮及淮北地区种植。

图 5-30　镇稻21号

24. 华粳9号

审稻编号：国审稻20180054。

育种单位：江苏省大华种业集团有限公司。

品种来源：连粳6号/盐丰47//盐丰47。

特征特性：粳型常规水稻品种。在黄淮粳稻区种植，全生育期156 d，比对照徐稻3号早熟2.5 d。株高99.2 cm，穗长16.6 cm，每亩有效穗20.4万，每穗平均157粒，结实率88.2%，千粒重24.9 g。抗性：稻瘟病综合抗性指数两年分别为4.8、4.8，穗颈瘟损失率最高级5级，条纹叶枯病最高级5级，中感稻瘟病和条纹叶枯病。米质：整精米率71%，垩白粒率26%，垩白度4.4%，直链淀粉含量16.3%，胶稠度60 mm，碱消值6.9，长宽比2.1∶1，达农业部颁《食用稻品种品

图 5-31　华粳9号

质》标准3级。2015～2016年两年区域试验平均亩产662.36 kg，比对照徐稻3号增产7.39%；2017年生产试验平均亩产667.42 kg，比对照徐稻3号增产6.32%（图5-31）。

适宜在河南沿黄及信阳、山东南部、江苏淮北、安徽沿淮及淮北地区种植。

25. 津粳优919

审定编号：国审稻20180064。

育种单位：天津市水稻研究所。

品种来源：津9A×津恢19。

特征特性：粳型杂交水稻品种。在辽宁南部、新疆南部和京津冀地区种植，全生育期161.8 d，比对照津原85晚熟3.7 d。株高116 cm，穗长22.9 cm，每亩有效穗20.4万，每穗平均172.3粒，结实率88.3%，千粒重25.2 g。抗性：稻瘟病综合抗性指数两年分别为2.9、4.9，穗颈瘟损失率最高级5级，中感稻瘟病。米质：整精米率68.8%，垩白粒率32.3%，垩白度5.7%，直链淀粉含量14.5%，胶稠度77 mm，长宽比2.1∶1。两年区域试验平均亩产717.88 kg，比对照津原85增产12.12%；2017年生产试验平均亩产639.5 kg，比对照津原85增产14.6%（图5-32）。

适宜在辽宁南部、河北冀东、北京、天津、新疆南疆稻区的稻瘟病轻发区种植。

图5-32　津粳优919

26. 津原985

审定编号：国审稻20180062。

育种单位：天津市原种场。

品种来源：津原100/津原89。

特征特性：粳型常规水稻品种。在京津唐粳稻区种植，全生育期170.7 d，比对照津原45早熟3 d。株高97.9 cm，穗长18.6 cm，每亩有效穗17.9万，每穗平均159.6粒，结实率90.7%，千粒重26.9 g。抗性：稻瘟病综合抗性指数两年分别为3.2、2.9，穗颈瘟损失率最高级5级，条纹叶枯病最高级5级，中感稻瘟病和条纹叶枯病。米质：整精米率69.5%，垩白粒率23%，垩白度4.7%，直链淀粉含量15.9%，胶稠度71 mm，长宽比1.9：1，达到农业部颁《食用稻品种品质》标准3级。两年区域试验平均亩产691.49 kg，比对照津原45增产7.46%；2017年生产试验平均亩产648.85 kg，比对照津原45增产9.24%（图5-33）。

适宜在北京、天津、山东东营、河北冀东及中北部一季春稻稻瘟病轻发区种植。

图5-33　津原985

27. 京粳3号

审定编号：国审稻20180065。

育种单位：中国农业科学院作物科学研究所。

品种来源：垦稻2016/扬粳589。

特征特性：粳型常规水稻品种。在辽宁南部、新疆南部和京津冀地区种植，全生育期162 d，比对照津原85晚熟3.9 d。株高102.8 cm，穗长17.7 cm，每亩有效穗24.4万，每穗平均141.6粒，结实率82.6%，千粒重25.4 g。抗性：稻瘟病综合抗性指数两年分别为2.9、3.2，穗颈瘟损失率最高级5级，中感稻瘟病。米质：整精米率66.5%，垩白粒率22.0%，垩白度3.8%，直链淀粉含量15.9%，胶稠度78 mm，长宽比1.9∶1，达到农业部颁《食用稻品种品质》标准3级。两年区域试验平均亩产669.93 kg，比对照津原85增产4.63%；2017年生产试验平均亩产579.65 kg，比对照津原85增产3.87%（图5-34）。

图5-34　京粳3号

适宜在辽宁南部、河北冀东、北京、天津、南疆稻区的稻瘟病轻发区种植。

28. 垦稻808

审定编号：国审稻20180056。

育种单位：山东省郯城县种苗研究所、河北省农林科学院滨海农业研究所。

品种来源：090坊7/ 中作0516。

特征特性：粳型常规水稻品种。在黄淮粳稻区种植，全生育期157.1 d，与对照徐稻3号相当。株高99.7 cm，穗长17.2 cm，每亩有效穗21.4万，每穗平均146.7粒，结实率90.3%，千粒重25.1 g。抗性：稻瘟病综合抗性指数两年分别为3.7、3.6，穗颈瘟损失率最高级5级，条纹叶枯病最高级5级，中感稻瘟病和条纹叶枯病。米质：整精米率72.5%，垩白粒率19.3%，垩白度3.9%，直链淀粉含量15.5%，胶稠度77 mm，长宽比1.8∶1，达到农业部颁《食用稻品种品质》标准3

图5-35 垦稻808

级。两年区域试验平均亩产659.13 kg，比对照徐稻3号增产6.56%；2017年生产试验平均亩产654.97 kg，比对照徐稻3号增产7.43%（图5-35）。

适宜在河南沿黄及信阳、山东南部、江苏淮北、安徽沿淮及淮北地区种植。

29. 泗稻16号

国审编号：国审稻20180057。

育种单位：安徽源隆生态农业有限公司、江苏省农业科学院宿迁农科所。

品种来源：江苏省农业科学院宿迁农科所以苏秀867×09-5966为杂交组合，采用系谱法选育而成，原品系号为泗稻14-27。2018年通过国家农作物品种审定委员会审定，审定编号为国审稻20180057。

特征特性：属粳型常规水稻品种。在黄淮粳稻区种植，全生育期156.2 d，与对照徐稻3号相当。株高98.2 cm，穗长17.1 cm，每亩有效穗19.5万，每穗平均167.3粒，结实率84.2%，千粒重27.3 g。抗性：稻瘟病综合抗性指数两年分别为4.3、3.9，穗颈瘟损失率最高级5级，条纹叶枯病最高级5级。中感稻瘟病和条纹叶枯病。米质：整精米率70.7%，垩白粒率25.7%，垩白度4.0%，直链淀粉含量16.4%。胶稠度65 mm，长宽比1.8，达到农业部颁《食用稻品种品质》标准3级。两年区域试验平均亩产648.01 kg，比对照徐稻3号增产5.38%；2007年生产试验平均亩产657.37 kg，比对照徐稻3号增产7.06%（图5-36）。

适宜在河南沿黄及信阳、山东南部、江苏淮北、安徽沿淮及淮北地区的稻瘟

图 5-36　泗稻 16 号

病轻发区种植。

30. 徐稻 10 号

审定编号：国审稻 2018005。

育种单位：江苏徐淮地区徐州农业科学研究所。

品种来源：武 2704/91075。

特征特性：粳型常规水稻品种。在黄淮粳稻区种植，全生育期 155.6 d，比对照徐稻 3 号早熟 1.1 d。株高 98.6 cm，穗长 18.9 cm，每亩有效穗 21.0 万，每穗平均 140.8 粒，结实率 87.1%，千粒重 28.5 g。抗性：稻瘟病综合抗性指数两年分别为 3.7、5.0，穗颈瘟损失率最高级 3 级，条纹叶枯病最高级 5 级，中抗稻瘟病，中感条纹叶枯病。米质：整精米率 73.8%，垩白粒率 13.3%，垩白度 2.3%，直链淀粉含量 16.0%，胶稠度 67 mm，长宽比 2.2∶1，达到农业部颁《食用稻品种品质》标准 3 级。两年区域试验平均亩产 655.93 kg，比对照徐稻 3 号增产 6.04%；2017 年生产试验平均亩产 651.98 kg，比对照徐稻 3 号增产 6.94%（图 5-37）。

适宜在河南沿黄及信阳、山东南部、江苏淮北、安徽沿淮及淮北地区的稻瘟病轻发区种植。

图5-37　徐稻10号

31. 裕粳136

审定编号：国审稻20180053。

育种单位：河南省原阳沿黄农作物研究所。

品种来源：原稻108/新稻18。

特征特性：粳型常规水稻品种。全生育期156.2 d，比对照徐稻3号晚熟1.2 d。株高103.6 cm，穗长16.6 cm，每亩有效穗21.2万，每穗平均146.2粒，结实率87.7%，千粒重24.7 g。抗性：稻瘟病综合抗性指数两年分别为4.6、4.8，穗颈瘟损失率最高级5级，条纹叶枯病最高级5级，中感稻瘟病和条纹叶枯病。米

图5-38　裕粳136

质：整精米率67.9%，垩白粒率12%，垩白度2.4%，直链淀粉含量16.8%，胶稠度71 mm，长宽比1.8：1，达到国家《优质稻谷》标准2级。两年区域试验平均亩产640.1 kg，比对照徐稻3号增产1.65%；2017年生产试验平均亩产642.7 kg，比对照徐稻3号增产4.67%（图5-38）。

适宜在河南沿黄及信阳、山东南部、江苏淮北、安徽沿淮及淮北地区的稻瘟病轻发区种植。

32. 中禾优1号

审定编号：国审稻20180121。

育种单位：中国科学院遗传与发育生物学研究所、浙江省嘉兴市农业科学研究院、中国科学院合肥物质科学研究院。

品种来源：嘉禾212A×NP001。

特征特性：粳型三系杂交水稻品种。黄淮粳稻区种植，全生育期158.5 d，比对照徐稻3号晚熟1.9 d。株高120.8 cm，穗长23 cm，每亩有效穗18.1万，每穗平均239.3粒，结实率78.9%，千粒重24.7 g。抗性：稻瘟病综合抗性指数两年分别为4.3、4.0，穗颈瘟损失率最高级5级，条纹叶枯病最高级5级，中感稻瘟病，中感条纹叶枯病，抗白叶枯病。米质：整精米率68.5%，垩白粒率17%，垩白度2.1%，直链淀粉含量15.3%，胶稠度70 mm，长宽比2.7：1，达到国家《优质稻谷》标准2级。两年区域试验平均亩产732.3 kg，比对照徐稻3号增产18.1%；

图5-39　中禾优1号

2017年生产试验平均亩产753.6 kg，比对照徐稻3号增产20.8%（图5-39）。

适宜在河南沿黄及信阳、山东南部、江苏淮北、安徽沿淮及淮北地区稻瘟病轻发区种植。

33. 中粳616

审定编号：国审稻20180122。

育种单位：中国种子集团有限公司。

品种来源：淮稻10号/扬粳805//秀水123。

特征特性：粳型常规水稻品种。黄淮粳稻区种植，全生育期147.9 d，比对照徐稻3号早熟3.7 d。株高101.8 cm，穗长15.6 cm，每亩有效穗21.3万，每穗平均143.0粒，结实率90.8%，千粒重26.2 g。抗性：稻瘟病综合抗性指数两年分别为3.3、3.3，穗颈瘟损失率最高级3级，条纹叶枯病最高级5级，中抗稻瘟病，中感条纹叶枯病。米质：整精米率69.3%，垩白粒率16%，垩白度4.3%，直链淀粉含量15.6%，胶稠度71 mm，长宽比1.8∶1，达到农业部颁《食用稻品种品质》标准3级。两年区域试验平均亩产667.31 kg，比对照徐稻3号增产4.11%；2017年生产试验平均亩产656.91 kg，比对照徐稻3号增产6.61%（图5-40）。

适宜在河南沿黄及信阳、山东南部、江苏淮北、安徽沿淮及淮北地区种植。

图5-40　中粳616

34. 中科盐1号

审定编号：国审稻20180059。

育种点位：江苏沿海地区农业科学研究所、中国科学院遗传与发育生物学研究所。

品种来源：盐稻8号/武运粳8号。

特征特性：粳型常规水稻品种。在黄淮粳稻区种植，全生育期两年区试平均158 d，比对照徐稻3号晚熟1.3 d。株高89.5 cm，穗长17.3 cm，每亩有效穗21.9万，每穗平均137.2粒，结实率89.8%，千粒重26.4 g。抗性：稻瘟病综合抗性指数两年分别为4.2、3.4，穗颈瘟损失率最高级5级，条纹叶枯病最高级5级，中感稻瘟病和条纹叶枯病。米质：糙米率84.9%，整精米率72.7%，长宽比1.7∶1，垩白粒率28.7%，垩白度5.2%，透明度1级，直链淀粉含量16%，胶稠度61 mm，碱消值7.0。两年国家黄淮粳稻组区域试验平均亩产655.9 kg，比对照徐稻3号增产6.04%。2017年国家黄淮粳稻组生产试验平均亩产656.11 kg，比对照徐稻3号增产7.62%（图5-41）。

适宜在河南沿黄及信阳、山东南部、江苏淮北、安徽沿淮及淮北地区的稻瘟病轻发区种植。

图5-41　中科盐1号

二、省审品种

(一)东北水稻品种

1. 黑龙江单季稻区水稻品种

如龙庆稻5号(香稻)、龙庆稻2号、龙盾106、龙盾103、龙粳47;龙庆稻3号(香稻)、龙粳31、龙粳46、龙粳43、龙粳39;绥稻3号(香稻)、绥粳19、牡丹江32、东农428、五优稻4号(香稻)、松粳22(香稻)、松粳19号(香稻)、龙稻16(香稻)、松粳16、龙洋1号等。

2. 吉林水稻品种

如龙洋16、龙稻18、通粳611、稻花香2号(五优稻4号)、方香7号等。

(二)西北地区单季稻水稻品种

1. 宁夏单季稻区水稻品种

如宁粳50、宁粳52、宁粳27号、宁粳28号、宁粳43号、宁粳45号等。

2. 新疆水稻品种

如秋田小町(日本优质品种)、新稻11号、新稻17号、新稻19号、新稻21号、新稻27号、新稻28号、新稻36号、新稻43号、新稻46、新稻50号等。

(三)山东单季稻区水稻品种

1. 临稻10号

审定编号:鲁农审字[2002]015号。

育种单位:临沂市水稻研究所。

品种来源:临89-27-1/日本晴。

特征特性:全生育期157 d,株高95 cm,分蘖力较强,株型紧凑。每亩有效穗22.8万,每穗平均107粒,千粒重24.8 g。稻瘟病轻度或中度发生,纹枯病轻度发生,抗倒性好。米质:整精米率(65.2%)、长宽比(1.7:1)、碱消值(7.0级)、胶稠度(77 mm)、直链淀粉含量(16.5%)、蛋白质含量(11.9%)6项指标达国家《优质稻谷》标准1级;糙米率(82.9%)、精米率(73.9%)、垩白度(1.8%)3

图5-42　临稻10号

项指标达国家《优质稻谷》标准2级。两年平均亩产597.9 kg，比对照圣稻301增产17.8%；2001年参加全省水稻生产试验平均亩产587.9 kg，比对照圣稻301增产24.2%（图5-42）。

适宜鲁南（济宁滨湖稻区和临沂库灌稻区）地区推广种植。

2. 临稻11号

审定编号：鲁种审2004014号。

亲本来源：镇稻88变异株系统选育。

选育单位：山东省沂南县水稻研究所。

图5-43　临稻11号

特征特性：全生育期152 d，株高约100 cm。直穗型品种，穗长16 cm。分蘖力较强，株型较好。每亩有效穗21.8万，成穗率76.9%，千粒重26.5 g，成熟落黄较好。中抗苗瘟，抗穗颈瘟，中抗白叶枯病。田间表现抗条纹叶枯病，稻瘟病中等发生，纹枯病轻。一般亩产650 kg（图5-43）。

适宜鲁南（济宁滨湖稻区和临沂库灌稻区）地区推广种植。

3. 临稻12号

审定编号：鲁农审2006038号。

育种单位：临沂市农业科学院。

品种来源：由豫粳6号选育而成。

特征特性：全生育期155 d（比对照豫粳6号早熟2 d）。株高102 cm，株型紧凑，叶色淡绿，直穗型，穗长16 cm。分蘖力强，每亩有效穗24.9万，成穗率75%，每穗平均91粒，空秕率20.8%，千粒重24.5 g。米质：糙米率83.9%，精米率76.8%，整精米率73.8%，粒长5.2 mm，长宽比1.9∶1，垩白粒率34%，垩白度4.9%，透明度2级，碱消值7.0级，胶稠度65 mm，直链淀粉含量18.2%，蛋白质10.2%，符合三等食用粳稻标准。中感苗瘟、穗颈瘟，白叶枯病苗期感病、成株期中抗。2003～2004年两年区域试验中平均亩产503.1 kg，比对照豫粳6号增产8.1%；2005年生产试验平均亩产508.5 kg，比对照豫粳6号增产2.60%（图5-44）。

适宜在鲁南、鲁西南地区作为麦茬稻推广种植。

图5-44　临稻12号

4.临稻13号

审定编号:鲁农审2008026号。

育种单位:临沂市农业科学院。

品种来源:89-27-1/盘锦1号。

特征特性:全生育期149 d,比对照香粳9407早熟1 d。每亩有效穗24.6万,株高87.6 cm,穗长13.7 cm,每穗平均101.9粒,结实率88.5%,千粒重27.8 g。米质:糙米率84.4%,精米率75.1%,整精米率73.3%,垩白粒率30%,垩白度3.2%,直链淀粉含量16.0%,胶稠度76 mm,符合三等食用粳稻标准。中感苗瘟,中抗穗颈瘟,中感白叶枯病。2005~2006年两年区域试验中平均亩产558.9 kg,比对照香粳9407增产15.7%;2007年生产试验平均亩产585.8 kg,比对照香粳9407增产13.1%(图5-45)。

适宜在临沂库灌稻区、沿黄稻区推广种植。

图5-45　临稻13号

5.临稻15号

审定编号:鲁农审2008025号。

育种单位:临沂市农业科学院。

品种来源:临稻10号/临稻4号。

图5-46　临稻15号

特征特性：全生育期156 d，比对照豫粳6号早熟2 d。每亩有效穗23.2万，株高98.6 cm，穗长15.0 cm，每穗平均129.0粒，结实率84.0%，千粒重25.6 g。米质：糙米率86.7%，精米率77.9%，整精米率76.1%，垩白粒率11%，垩白度0.8%，直链淀粉含量17.0%，胶稠度84 mm，符合二等食用粳稻标准。中感苗瘟、穗颈瘟，白叶枯病苗期感病，成株期中感。田间调查条纹叶枯病最重点病穴率8.3%，病株率1.9%。2005～2006年两年区域试验平均亩产589.9 kg，比对照豫粳6号增产10.6%；2007年生产试验平均亩产589.4 kg，比对照临稻10号增产2.7%（图5-46）。

适宜在鲁南、鲁西南地区作为麦茬稻推广种植。

6. 临稻16号

审定编号：鲁农审2009028号。

育种单位：山东省沂南县水稻研究所。

品种来源：临稻11号/淮稻6号。

特征特性：全生育期150 d，每亩有效穗25万，株高101.5 cm，穗长14.0 cm，每穗平均102粒，结实率96.1%，千粒重27.8 g。米质符合二等食用粳稻标准。感穗颈瘟，抗白叶枯病。田间调查条纹叶枯病轻。一般亩产650 kg。

临稻15号属高出米率、稳产、早熟相结合的品种，稻谷商品性好（图5-47）。

图5-47　临稻16号

7. 临稻17号

审定编号：鲁农审2009031号。

育种单位：山东省沂南县水稻研究所。

品种来源：临稻11号 // 中粳315/ 临稻4号。

特征特性：全生育期144 d。每亩有效穗27.9万，株高95.5 cm，穗长14.2 cm，每穗平均100粒，结实率87.4%，千粒重26 g。米质符合一等食用粳稻标准。中抗穗颈瘟和白叶枯病。田间调查条纹叶枯病轻。一般亩产600 kg（图5-48）。

图5-48　临稻17号

8. 临稻18号

审定编号：鲁农审2010021号。

育种单位：山东省沂南县水稻研究所。

品种来源：京稻23/临稻10号。

特征特性：全生育期145 d，株形松紧适中。中感稻瘟病。每亩有效穗23.5万，株高97 cm，穗长15.7 cm，每穗平均110粒，结实率86.8%，千粒重25 g。垩白度1.7%，米质符合国家《优质稻谷》标准2级。一般亩产600 kg（图5-49）。

图5-49　临稻18号

9. 临稻19号

审定编号：鲁农审2012023号。

育种单位：临沂市农业科学院。

品种来源：中部67/镇稻99。

特征特性：全生育期148 d，株型紧凑，剑叶中长直立；穗长中等、较直立，籽

图5-50　临稻19号

粒椭圆形。每亩有效穗26.1万，株高94.0 cm，穗长16.0 cm，每穗平均108.1粒，结实率85.5%，千粒重25.0 g。2009年糙米率82.8%，整精米率70.6%，垩白粒率26%，垩白度2.8%，直链淀粉含量15.5%，胶稠度67 mm，米质符合国家《优质稻谷》标准3级。中感稻瘟病。2009～2010年两年区域试验平均亩产546.5 kg，比对照津原45增产13.7%；2011年生产试验平均亩产545.6 kg，比对照津原45增产11.7%（图5–50）。

适宜在鲁北沿黄稻区及临沂、日照稻区作为中早熟品推广种植。

10. 临稻20号

审定编号：鲁农审2013020号。

育种单位：沂南县水稻研究所。

品种来源：盐丰47/临稻10号。

特征特性：全生育期145 d，株型松紧适中，穗型弯，谷粒椭圆形。每亩有效穗24.5万，成穗率84.4%；株高91.1 cm，穗长18.4 cm，每穗平均109.2粒，结实率85.7%，千粒重26.2 g。糙米率84.4%，整精米率73.5%，垩白粒率24%，垩白度4.2%，直链淀粉含量15.1%，胶稠度63 mm，米质符合国家《优质稻谷》标准3级。

图5–51 临稻20号

中感稻瘟病。2010～2011年两年区域试验平均亩产520.7 kg，比对照津原45增产8.3%；2012年生产试验平均亩产536.8 kg，比对照盐丰47增产10.6%（图5-51）。

适宜在临沂库灌稻区、沿黄稻区种植利用。

11. 临稻21号

审定编号：鲁农审2015024号。

育种单位：临沂市农业科学院。

品种来源：临稻10号/镇稻88。

特征特性：全生育期151.7 d，株型紧凑，穗棒状半直立，谷粒椭圆形。平均亩有效穗24.0万，成穗率80.0%，株高95.3 cm，穗长16.5 cm，每穗平均116.9粒，结实率87.8%，千粒重26.2 g。米质：糙米率84.4%，整精米率72.5%，垩白粒率9%，垩白度1.3%，直链淀粉含量16.3%，胶稠度76 mm，达国家《优质稻谷》标准2级。中抗稻瘟病。2012～2013年两年区域试验平均亩产669.6 kg，比对照临稻10号增产6.8%；2014年生产试验平均亩产659.7 kg，比对照临稻10号增产7.1%（图5-52）。

适宜在鲁南、鲁西南麦茬稻区及东营稻区推广种植。

图5-52 临稻21号

12. 临稻22号

审定编号：鲁农审2016038。

育种单位：临沂市农业科学院。

品种来源：临稻6号/镇稻88//临稻10号。

特征特性：全生育期158 d，株型紧凑，穗棒状半直立，谷粒椭圆形。每亩有效穗24.9万，成穗率79.9%，株高98.1 cm，穗长16.4 cm，每穗平均112.3粒，结实率83.2%，千粒重27.0 g。米质：糙米率84.9%，整精米率72.9%，垩白粒率28%，垩白度3.0%，直链淀粉含量15.8%，胶稠度76 mm，达国家《优质稻谷》标准3级。中感稻瘟病，综合病级为5级。2013～2014年两年区域试验平均亩产662.7 kg，比对照临稻10号增产7.5%；2015年生产试验平均亩产698.6 kg，比对照临稻10号增产6.1%（图5-53）。

适宜在鲁南、鲁西南麦茬稻区及东营稻区推广种植。

图5-53 临稻22号

13. 临稻23号

审定编号：鲁审稻20170043。

育种单位：临沂市农业科学院。

品种来源：临稻10号/盐粳7号。

特征特性：全生育期160 d，株型紧凑，谷粒椭圆形。每亩有效穗25万，成穗率76.0%，株高92.9 cm，穗长15.7 cm，每穗平均113.4粒，结实率84.5%，千粒重25.9 g。米质：糙米率84.8%，整精米率71.8%，长宽比1.8∶1，垩白粒率34.5%，垩白度5.0%，胶稠度67 mm，直链淀粉含量17.4%。中感稻瘟病。2014～2015年两年区域试验平均亩产683.6 kg。2016年生产试验平均亩产640.4 kg（图5-54）。

适宜在鲁南、鲁西南麦茬稻区及东营稻区推广种植。

图5-54 临稻23号

14. 临稻24号

审定编号：鲁审稻20170044。

育种单位：临沂市农业科学院。

品种来源：临稻10号/镇稻88。

特征特性：全生育期160 d，株型紧凑，叶片浓绿，穗棒状半直立，谷粒椭圆形。每亩有效穗25.3万，成穗率75.5%，株高93.3 cm，穗长15.9 cm，每穗平均113.2粒，结实率83.8%，千粒重25.8 g。米质：糙米率84.2%，整精米率72.8%，长宽比1.8，垩白粒率26.0%，垩白度4.7%，胶稠度76 mm，直链淀粉含量17.2%。感稻瘟病。2014～2015年两年区域试验平均亩产684.2 kg，2016年生产试验平均亩产648.3 kg（图5-55）。

适宜在鲁南、鲁西南麦茬稻区及东营稻区推广种植。

图5-55 临稻24号

15. 阳光600

审定编号：鲁农审2012022号。

育种单位：山东省郯城县种子公司。

品种来源：镇稻88/旭梦。

特征特性：全生育期156 d，株型紧凑，穗半直立，籽粒椭圆形。每亩有效穗22.2万，株高96.1 cm，穗长16.6 cm，每穗平均117.5粒，结实率81.3%，千粒重25.6 g。米质：糙米率84.4%，整精米率75.6%，垩白粒率12%，垩白度1.7%，直链淀粉含量17.5%，胶稠度68 mm，达国家《优质稻谷》标准2级。中感稻瘟病。2009～2010年两年区域试验中平均亩产661.7 kg，比对照临稻10号增产6.5%；2011年生产试验平均亩产608.0 kg，比对照临稻10号增产7.1%（图5-56）。

适宜在鲁南、鲁西南麦茬稻区及东营春播稻区作为中晚熟品种推广种植。

图5-56　阳光600

16. 阳光800

审定编号：鲁农审2015024号。

育种单位：山东省郯城县种子公司。

品种来源：镇稻88/黄金晴。

特征特性：全生育期156.7 d，株型紧凑，穗半直立、谷粒椭圆形，每亩有效穗21.4万，成穗率82.5%，株高97.8 cm，穗长18.0 cm，每穗平均123.3粒，千粒重26.6 g。米质：糙米率85.6%，整精米率75.8%，垩白粒率10%，垩白度1.0%，直链淀粉含量17.5%，胶稠度74 mm，达国家《优质稻谷》标准1级。中感稻瘟病。

图5-57　阳光800

2012～2013年两年区域试验平均亩产669.3 kg，比对照临稻10号增产7.4%；2014年生产试验平均亩产670.6 kg，比对照临稻10号增产8.9%（图5-57）。

适宜在鲁南、鲁西南麦茬稻区及东营稻区推广种植。

17.香粳9407

审定编号：鲁农审字〔2002〕016号。

育种单位：山东省水稻研究所。

品种来源：香粳1号/82-1244。

特征特性：全生育期149 d。株高约105 cm，分蘖力中等。每亩有效穗18.5万，每穗平均105.2粒，千粒重28.9 g，具浓郁香味。稻瘟病轻，纹枯病中等。米质：糙米率84.6%，精米率77.0%，粒长5.0 mm，整精米率73.5%，长宽比1.8∶1，碱消值7.0级，胶稠度79 mm，直链淀粉含量15.5%，蛋白质含量11.6%，达国家

图5-58　香粳9407

《优质稻谷》标准1级；垩白度1.4%，透明度2级，达国家《优质稻谷》标准2级。1999～2000年两年区域试验平均亩产567.3 kg，比对照品种圣稻301增产11.8%。2001年参加全省水稻生产试验平均亩产521.4 kg，比对照品种圣稻301增产10.2%（图5-58）。

适宜在山东地区种植推广。

18. 圣稻13

审定编号：鲁农审2006037号。

育种单位：山东省水稻研究所。

品种来源：1050/T 022。

特征特性：全生育期156 d，株高94 cm，株型紧凑，分蘖力中等，半直穗型，穗长16 cm。每亩有效穗20.3万，成穗率74.1%，每穗平均124粒，空秕率16.8%，千粒重24.3 g。米质：糙米率84.0%，精米率76.1%，整精米率74.2%，粒长4.9 mm，长宽比1.8，垩白粒率23%，垩白度2.2%，透明度2级，碱消值7.0级，胶稠度61 mm，直链淀粉含量16.3%，蛋白质10.3%，符合二等食用粳稻标准。中抗苗瘟、高抗穗颈瘟，苗期高感白叶枯病，成株期中感白叶枯病。2004～2005年两年区域试验平均亩产578.2 kg，比对照豫粳6号增产2.7%；2005年生产试验平均亩产558.6 kg，比对照豫粳6号增产12.71%（图5-59）。

适宜在鲁南、鲁西南地区作为麦茬稻推广种植。

图5-59 圣稻13

19. 圣稻 14

审定编号：鲁农审 2007024 号。

育种单位：山东省水稻研究所、中国农业科学院作物科学研究所。

品种来源：武优 34/T 022。

特征特性：全生育期 148 d，每亩有效穗 24.9 万，株高 85.8 cm，穗长 14.1 cm，整精米率 75.0%，垩白粒率 2.0%，垩白度 0.2%，直链淀粉含量 16.0%，胶稠度 78 mm，符合一等食用粳稻标准。中抗稻瘟病，苗期中抗白叶枯病、成株期中感白叶枯病。2005~2006 年两年区域试验平均亩产 554.2 kg，比对照香粳 9407 增产 14.7%；2006 年生产试验平均亩产 508.0 kg，比对照香粳 9407 增产 14.4%（图 5-60）。

适宜在山东沿黄稻区、临沂库灌稻区作为中早熟品种推广种植。

图 5-60　圣稻 14

20. 圣稻 15

审定编号：鲁农审 2008023 号。

育种单位：山东省水稻研究所。

品种来源：镇稻 88/圣稻 301。

特征特性：全生育期 157 d，每亩有效穗 26.8 万，株高 101.6 cm，穗长 15.6 cm，每穗平均 134.6 粒，结实率 81.9%，千粒重 26.6 g。米质：糙米率 87.1%，精米率 78.1%，整精米率 76.7%，垩白粒率 16%，垩白度 1.5%，直链淀粉含量 15.7%，胶稠度79 mm,符合二等食用粳稻标准。中抗苗瘟、穗颈瘟,白叶枯病苗期中抗,成株期中感。田间调查条纹叶枯病最重点病穴率4.1%,病株率0.7%。2005~2006年两年区域试验平均亩产605.9 kg,比对照豫粳6号增产13.5%;2007年生产试验平均亩产607.0 kg,比对照临稻10号增产5.8%(图5-61)。

适宜在鲁南、鲁西南地区作为麦茬稻推广种植。

图5-61　圣稻15

21. 圣武糯0146

审定编号:鲁农审2008024号。

育种单位:山东省水稻研究所从江苏武进稻麦育种场引进。

图5-62　圣武糯0146

品种来源：95-16// 南丛 / 盐粳 6。

特征特性：全生育期 154 d，每亩有效穗 20.8 万，株高 93.7 cm，穗长 16 cm，每穗平均 133.0 粒，结实率 87.7%，千粒重 27.6 g。米质：糙米率 86.6%，精米率 77.1%，整精米率 74.1%，阴糯率 2%，符合二等食用粳糯稻标准。中感苗瘟、穗颈瘟，白叶枯病苗期感病、成株期中感。田间调查条纹叶枯病最重点病穴率 35%，病株率 11%。2005～2006 年两年区域试验平均亩产 623.8 kg，比对照豫粳 6 号增产 16.9%；2007 年生产试验平均亩产 591.8 kg，比对照临稻 10 号增产 3.1%（图 5-62）。

适宜在鲁南、鲁西南地区作为麦茬稻推广种植，注意防治条纹叶枯病。

22. 圣稻 16

审定编号：鲁农审 2009027 号。

育种单位：山东省水稻研究所。

品种来源：镇稻 88/ 圣稻 301。

特征特性：全生育期 155 d，每亩有效穗 23.6 万，株高 101.1 cm，穗长 15.5 cm，每穗平均 134 粒，结实率 84.8%，千粒重 26.4 g。米质：糙米率 87.1%，精米率 78.8%，整精米率 77.1%，垩白粒率 13%，垩白度 1.5%，直链淀粉含量 16.8%，胶稠度 78 mm，符合二等食用粳稻标准。中感穗颈瘟和白叶枯病。田间调查条纹叶枯病最重病穴率 4.1%，病株率 0.3%。2006 年区域试验平均亩产 621.5 kg，比

图 5-63　圣稻 16

对照豫粳6号增产20.9%；2007年区域试验平均亩产653.9 kg，比对照临稻10号增产2.9%；2008年生产试验平均亩产643.3 kg，比对照临稻10号增产5.0%（图5-63）。

适宜在鲁南、鲁西南地区作为麦茬稻推广种植。

23. 圣稻17

审定编号：鲁农审2011016号。

育种单位：山东省水稻研究所。

品种来源：圣5227/圣930。

特征特性：全生育期156 d，株型紧凑，剑叶短、厚、直立；穗短、直立，谷粒椭圆形。每亩有效穗21.9万，株高99.8 cm，穗长15.6 cm，每穗平均109.7粒，结实率86.5%，千粒重27.1 g。米质：糙米率84.5%，整精米率75.2%，垩白粒率24%，垩白度3.7%，直链淀粉含量19.0%，胶稠度80 mm，达国家《优质稻谷》标准3级。2008~2009年两年区域试验平均亩产671.3 kg，比对照临稻10号增产4.3%；2010年生产试验平均亩产645.0 kg，比对照临稻10号增产8.8%（图5-64）。

适宜在鲁南、鲁西南麦茬稻区及东营稻区春播种植。

图5-64 圣稻17

24. 圣稻2572

审定编号：鲁农审2011017号。

育种单位：山东省水稻研究所。

品种来源：辐香938/香粳9407。

特征特性：全生育期145 d，株型紧凑，棒穗、半直立，谷粒椭圆形。每亩有效穗21.8万，株高91.9 cm，穗长16.0 cm，每穗平均111.6粒，结实率85.0%，千粒重26.9 g，有香气。米质：糙米率82.7%，整精米率70.2%，垩白粒率2%，垩白度0.2%，直链淀粉含量15.9%，胶稠度62 mm，达国家《优质稻谷》标准1级。中感稻瘟病。区域试验中，2007年平均亩产592.3 kg，比对照香粳9407增产17.9%；2008年平均亩产562.5 kg，比对照津原45增产6.3%。2010年生产试验结果平均亩产509.1 kg，比对照津原45增产9.8%（图5-65）。

适宜在鲁南、鲁中麦茬稻区推广种植。

图5-65　圣稻2572

25. 圣稻18

审定编号：鲁农审2013018号。

育种单位：山东省水稻研究所、济宁瑞丰种业有限公司。

品种来源：圣稻14/圣06134。

特征特性：全生育期161 d，株型紧凑，剑叶短、厚、直立；穗直立，谷粒椭圆形。每亩有效穗21.8万，成穗率80.0%；株高97.3 cm，穗长15.8 cm，每穗平均126.0粒，结实率87.0%，千粒重25.2 g。米质：糙米率84.5%，整精米率76.1%，垩白粒率16%，垩白度2.8%，直链淀粉含量16.7%，胶稠度78 mm，达国家《优质稻谷》标准2级。抗稻瘟病。2010～2011年两年区域试验平均亩产641.6 kg，比对

图5-66　圣稻18

照临稻10号增产7.7%；2012年生产试验平均亩产680.6 kg，比对照临稻10号增产5.9%（图5-66）。

适宜在鲁南、鲁西南麦茬稻区及东营稻区推广种植。

26. 圣稻19

审定编号：鲁农审2013019号。

育种单位：山东省水稻研究所、山东省济宁瑞丰种业有限公司。

品种来源：圣稻14/圣06134。

图5-67　圣稻19

特征特性：全生育期147 d，株型紧凑，剑叶长、宽中等，直立；穗直立，谷粒椭圆形。每亩有效穗25.6万，成穗率78.4%；株高81.6 cm，穗长16.3 cm，每穗平均105.1粒，结实率85.3%，千粒重24.7 g。米质：糙米率84.1%，整精米率69.5%，垩白粒率21%，垩白度3.5%，直链淀粉含量17.1%，胶稠度72 mm，达国家《优质稻谷》标准3级。中抗稻瘟病。2010～2011年两年区域试验平均亩产522.4 kg，比对照津原45增产8.7%；2012年生产试验平均亩产542.7 kg，比对照盐丰47增产11.8%（图5-67）。

适宜在临沂库灌稻区、沿黄稻区推广种植。

27. 圣稻22

审定编号：国审稻2015048。

选育单位：山东省水稻研究所。

品种来源：圣稻14/圣06134。

品种特性：全生育期158.9 d，株高95.6 cm，直立穗型，穗长17.3 cm，每穗平均156.1粒，结实率86.8%，千粒重25.9 g。稻瘟病综合抗性指数2.1，穗颈瘟损失率最高级1级，条纹叶枯病最高发病率18.18%；抗稻瘟病，中感条纹叶枯病。米质：整精米率71.5%，垩白米率20.0%，垩白度1.3%，直链淀粉含量15.6%，胶稠度76 mm，达国家《优质稻谷》标准2级。两年区域试验平均亩产647.9 kg，比

图5-68　圣稻22

对照徐稻3号增产2.75%。2014年生产试验平均亩产643.3 kg，比对照徐稻3号增产7.06%（图5-68）。

适宜鲁南、鲁西南麦茬稻区及东营稻区推广种植。

28. 南粳505

审定编号：鲁审稻20170045。

育种者：江苏省农业科学院粮食作物研究所、山东省水稻研究所。

品种来源：武粳15/ 宁5055。

品种特性：全生育期157 d，株型紧凑，叶色浓绿，谷粒椭圆形。每亩有效穗22.7万，成穗率75.7%，株高94.8 cm，穗长15.8 cm，每穗平均115.4粒，结实率85.9%，千粒重28.4 g。属半糯类型，食味品质较好。米质：糙米率83.2%，整精米率69.3%，长宽比1.7∶1，垩白粒率43.5%，垩白度9.3%，胶稠度77 mm，直链淀粉含量10.3%。感稻瘟病。2014～2015年两年区域试验平均亩产697.7 kg，2016年生产试验平均亩产656.4 kg（图5-69）。

适宜在鲁南、鲁西南麦茬稻区及东营稻区推广种植利用，订单生产。

图5-69　南粳505

29. 圣稻23

审定编号：鲁审稻20180002。

选育单位：山东省水稻研究所、山东省农业科学院生物技术研究中心。

品种来源：圣稻18/阳光600。

品种特性：生育期159 d，株型紧凑，穗棒状半直立，谷粒椭圆形。每亩有效穗23.8万，成穗率74.3%，株高97.7 cm，穗长16.3 cm，每穗平均117.9粒，结实率86.7%，千粒重27.1 g。米质：糙米率84.6%，整精米率74.6%，长宽比1.8∶1，垩白粒率13.0%，垩白度2.7%，胶稠度79.5 mm。中感稻瘟病。两年区域试验平均亩产693.9 kg，比对照临稻10号增产5.9%。2017年生产试验平均亩产643.4 kg，比对照临稻10号增产4.4%（图5-70）。

适宜在鲁南、鲁西南麦茬稻区及东营稻区推广种植。

图5-70　圣稻23

30. 圣稻24

审定编号：鲁审稻20180003。

选育单位：山东省水稻研究所、山东省农业科学院生物技术研究中心。

品种来源：圣稻13/圣稻15//圣稻301/镇稻88。

品种特性：全生育期159 d，株型紧凑，穗半直立，谷粒椭圆形。每亩有效穗24.1万，成穗率76.7%，株高103.3 cm，穗长16.2 cm，每穗平均110.7粒，结实率87.2%，千粒重27.0 g。米质：糙米率84.7%，整精米率72.5%，长宽比1.8∶1，垩白粒率24.5%，垩白度3.0%，胶稠度82.0 mm，直链淀粉含量18.3%。中感稻瘟病。两年区域试验平均亩产692.5 kg，比对照临稻10号增产6.2%。2017年生产试验平均亩产648.9 kg，比对照临稻10号增产5.2%（图5-71）。

图5-71　圣稻24

适宜在鲁南、鲁西南麦茬稻区及东营稻区推广种植。

31. 圣糯1号

审定编号：鲁审稻20180004。

选育单位：山东省水稻研究所、山东省农业科学院生物技术研究中心。

品种来源：徐稻3号/广陵香糯。

品种特性：全生育期159 d，株型紧凑，穗半直，谷粒椭圆形。每亩有效穗25.7万，成穗率79.3%，株高96.4 cm，穗长16.0 cm，每穗平均106.6粒，结实率89.2%，千粒重27.8 g。米质：糙米率84.0%，整精米率73.3%，长宽比1.7：1，胶稠度100 mm，直链淀粉含量1.7%。感稻瘟病。2015～2016年两年区域试验平

图5-72　圣糯1号

均亩产708.6 kg，2017年生产试验平均亩产661.6 kg（图5–72）。

适宜在鲁南、鲁西南麦茬稻区及东营稻区推广种植。

32. 圣稻25

审定编号：鲁审稻20180006。

选育单位：山东省水稻研究所、山东省农业科学院生物技术研究中心。

品种来源：圣稻14/ 圣06134。

品种特性：全生育期148 d，株型紧凑，穗直立，谷粒椭圆形。每亩有效穗22.3万，成穗率77.3%，株高98.3 cm，穗长15.7 cm，每穗平均120.6，结实率91.5%，千粒重27.7 g。米质：糙米率85.2%，整精米率71.2%，长宽比1.9∶1，垩白粒率24.5%，垩白度2.0%，胶稠度81.0 mm，直链淀粉含量15.9%。感稻瘟病。两年区域试验平均亩产625.1 kg，比对照圣稻14增产9.7%。2017年生产试验平均亩产604.8 kg，比对照临稻10号增产6.7%（图5–73）。

适宜在鲁南、沿黄库灌稻区及东营稻区推广种植。

图5–73　圣稻25

33. 润农早粳1号

审定编号：鲁农审2016039。

育种单位：山东润农种业科技有限公司。

品种来源：盐丰47/9424。

特征特性：全生育期150 d，株型较紧凑，穗棒状半直立、无芒，谷粒椭圆形。

每亩有效穗21.5万，成穗率78.9%，株高99.2 cm，穗长16.8 cm，每穗平均133.9粒，结实率89.0%，千粒重27.7 g。米质：糙米率83.0%，整精米率64.1%，垩白粒率27%，垩白度4.5%，直链淀粉含量16.1%，胶稠度78 mm，达国家《优质稻谷》标准3级。抗病性接种鉴定：中抗稻瘟病，综合病级为3级。两年区域试验平均亩产599.8 kg，比对照盐丰47增产9.3%；2015年生产试验平均亩产662.7 kg，比对照圣稻14增产7.2%（图5-74）。

适宜在临沂库灌稻区、沿黄稻区推广种植。

图5-74　润农早粳1号

34. 润农4号

审定编号：鲁农审2016037。

育种单位：山东润农种业科技有限公司、江苏徐淮地区淮阴农业科学研究所。

品种来源：徐稻3号 / 淮稻7号 // 淮276。

特征特性：全生育期158 d，株型紧凑，穗棒状半直立、谷粒椭圆形。每亩有效穗24.4万，成穗率76.7%，株高99.0 cm，穗长16.0 cm，每穗平均112.0粒，结实率86.9%，千粒重26.9 g。米质：糙米率83.6%，整精米率71.8%，垩白粒率24%，垩白度3.2%，直链淀粉含量16.3%，胶稠度70 mm，达国家《优质稻谷》标准3级。中感稻瘟病。两年区域试验平均亩产647.0 kg，比对照临稻10号增产5.6%；2015年生产试验平均亩产684.1 kg，比对照临稻10号增产3.9%（图5-75）。

图5-75　润农4号

适宜在鲁南、鲁西南麦茬稻区及东营稻区推广种植。

35. 润农11

审定编号：鲁审稻20170046。

育种单位：山东润农种业科技有限公司。

品种来源：圣稻13/津90-3。

特征特性：全生育期140 d，株型紧凑，穗直立，谷粒椭圆形。每亩有效穗

图5-76　润农11

22万，成穗率77.0%，株高90.3 cm，穗长15.2 cm，每穗平均125.8粒，结实率89.4%，千粒重27.5 g。米质：糙米率85.9%，整精米率74.5%，长宽比1.7：1，垩白粒率27.0%，垩白度3.2%，胶稠度74 mm，直链淀粉含量16.5%。抗病性接种鉴定：中感稻瘟病。两年区域试验平均亩产697.7 kg，比对照圣稻14增产23.2%；2016年生产试验平均亩产607.7 kg，比对照圣稻14增产10.7%（图5-76）。

适宜在鲁南、鲁西南麦茬稻区作为机械插秧品种推广种植。

36. 津原45

审定编号：鲁农审2008027号。

育种单位：山东滨州黑马种业有限公司从天津市原种场引进。

品种来源：系"月之光"变异株系统选育。

特征特性：全生育期150 d，每亩有效穗22万，株高106.5 cm，穗长19.9 cm，每穗平均126.3粒，结实率85.0%，千粒重26.6 g。米质：糙米率84.2%，整精米率75.6%，垩白粒率8%，垩白度2.0%，直链淀粉含量17.1%，胶稠度64 mm，达国家《优质稻谷》标准2级。抗苗瘟，中感叶瘟，中抗穗颈瘟。2002引种试验平均亩产502.1 kg，比对照京引119增产21.5%；2007年引种试验平均亩产583.0 kg，比对照香粳9407增产12.5%（图5-77）。

适宜在临沂库灌稻区、沿黄稻区推广种植。

图5-77　津原45

37. 盐丰47

审定编号：鲁农审2009030号。

育种单位：辽宁省盐碱地利用研究所。

品种来源：AB005s// 丰锦 / 辽粳5号。

特征特性：全生育期143 d，每亩有效穗25.3万，株高89.2 cm，穗长15.3 cm，每穗平均104粒，结实率88.3%，千粒重26.2 g。米质：糙米率83.4%，精米率75.1%，整精米率73.6%，垩白粒率3%，垩白度0.5%，直链淀粉含量15.3%，胶稠度68 mm，符合一等食用粳稻标准。中抗穗颈瘟和白叶枯病。两年区域试验平均亩产558.2 kg，比对照香粳9407增产14.2%；2008年生产试验平均亩产543.8 kg，比对照津原45增产8.8%（图5-78）。

适宜在临沂库灌稻区、沿黄稻区推广种植。

图5-78　盐丰47

第六章

北方水稻插秧栽培技术

一、选择适宜水稻品种

东北单季稻、西北单季稻和华北单季稻插秧栽培品种的选择，参见"第五章北方水稻品种"部分。

二、水稻育秧技术

（一）水稻育秧方式

根据气候条件和水稻种植制度，一般采用湿润育秧、薄膜保温育秧、旱育秧和大拱棚育秧等方式（图6-1）。

水稻湿润育秧

水稻薄膜保温育秧

水稻旱育秧

水稻大拱棚育秧

图6-1　水稻育秧方式

（二）水稻壮秧的标准

培育壮秧是实现高产的基础。壮秧叶片宽大挺健，叶鞘较短，苗基粗扁，带有分蘖，即所谓的"扁蒲秧"。叶色青绿，无虫伤，病斑、黄叶、枯叶少。根系发达，短白根多，无黑根、腐根现象。壮秧生长整齐，不徒长（图6-2）。

壮秧光合能力强，干物重（干物重/苗高）大，组织充实。碳氮比协调，碳水化合物和氮化合物的绝对含量都很高。壮秧的碳氮比，一般大苗14：1，中苗10：1。

壮秧发根能力强，植伤率低，返青快，生产力高。

湿润育秧壮秧　　　　　　　　　　　　　　　旱育秧壮秧

图6-2　培育壮秧

（三）水稻育秧的基本要求

1. 秧田选址

秧田要选择地势平坦、背风向阳、灌溉方便、土质肥沃和邻近大田的地方。

2. 种子处理

（1）晒种：水稻浸种催芽前，先将种子翻晒1~2 d，以增强种皮的透气性，提高酶活性，促进发芽。

（2）种子消毒：稻瘟病、白叶枯病和恶苗病等都可通过种子传播，所以必须先进行种子消毒。

①浸种。用适乐时（2.5%咯菌腈悬浮种衣剂）2~3 mL/kg种子，加适量水，

浸种。

②拌种。用亮盾（62.5%精甲·咯菌腈悬浮种衣剂）3~4 mL/kg 种子，兑水 20~40 mL，拌种。

3.浸种和催芽

（1）浸种：消毒过的稻种继续浸种，使水分达到稻谷重的30%~40%，水温 20℃时需60 h，水温10℃时需70 h 以上。稻种浸不透，出芽不齐；浸种过度，易造成养分外溢，播后易烂秧。浸种过程中，每天必须换清水一次。

（2）催芽：水稻浸种后，一般需经催芽再播种。催芽要求做到"快、齐、匀、壮"，"快"是指在3 d 内催好芽；"齐"是要求发芽率达到90%以上；"匀"是指芽长整齐一致；"壮"是幼芽粗壮，根、芽长比例适当，颜色鲜白，气味清香，无酒味，无霉粒。一般催芽过程分为高温破胸（露白）、降温（增湿）催芽和摊晾炼芽3个阶段。

①高温破胸。自种谷上堆至胚突破谷壳露出白点时，称为破胸阶段。此阶段要求谷堆迅速升温，粳稻达到35℃，不超过38℃；籼稻达到38℃，不超过40℃，否则，会高温伤芽。籼稻经8~10 h，粳稻经10~12 h 即可全部破胸。在早春低温季节催芽时，为达到高温破胸要求，常在种谷上堆前用45℃温水淘拌2~3 min，然后趁热上堆。一般室内催芽时，种堆以150~250 kg 为宜，堆高33 cm，覆盖物保温，下铺稻草或蒲帘促使升温，加速破胸。

②降温（增湿）催芽。自种谷破胸至谷芽伸长达到播种要求时，为催芽阶段。根据冷长芽、热长根，湿长芽、干长根的经验，在破胸后堆温宜保持在25~30℃，超过35℃易发生高温伤芽。在齐芽后要适当喷水降温和保持种谷含水量，增加翻拌次数，以促进幼芽生长，抑制幼根过度伸长。

③摊晾炼芽。在谷芽催好后，置于室内摊放晾芽半天再播种，这有利于增强谷芽对自然环境的适应能力。催芽后如遇寒潮侵袭不能及时播种时，更需摊放晾芽，控制根芽生长。

4.播种期

确定水稻适宜播种期，必须考虑到气候条件、耕作制度和品种特性等因素。

（1）安全播种期：春稻培育秧苗，必须掌握安全播种期，播种过早若遇到低温寒潮，会造成烂秧死苗。水稻正常出苗温度为15℃，露地育秧，以掌握日平均气温稳定上升到10～12℃时开始播种为宜。这样秧畦白天可有5 h在15℃以上，能够满足正常出苗条件。注意气象预报，掌握在"冷尾暖头"、抢晴播种。播种后只要有3～5个晴天，幼根扎下后，再来寒潮就不会受害了。

（2）安全齐穗期：华北地区麦茬稻，淮河、汉水流域双季晚稻和麦茬稻最后一批秧，播期要与安全齐穗期照应，以防抽穗扬花期间遇到连续低温，影响开花受精，导致大量空秕。水稻安全齐穗期日平均气温不低于20℃，日最高气温不低于23℃，田间鉴定空秕粒不超过30%。

（3）安全揭膜期：采用保温育秧时，要根据安全揭膜期来确定适宜播期。安全揭膜期日平均气温13℃以上，最低气温7℃以上，叶龄为2.5～3.0，播期比露地育秧提早7～10 d。

5. 播种量

根据育秧方式、秧龄长短、育秧期气温高低、品种特性，以及对秧田、分蘖要求，来确定播种量。凡秧龄长、育秧期气温高、秧苗生长快的宜稀播；反之，则可适当密播。在秧田生长分蘖、带蘖移栽的均要稀播。

6. 秧龄

秧苗在移栽长出3～4片叶后再分化幼穗，而水稻开始穗分化时一般为三叶龄，即在本田生长期中还能长出6～7片新叶，这样才能使稻苗生长健壮，避免秧龄太长造成早穗、小穗。因此，适龄秧苗的叶龄，即为该品种的主茎总叶数减去6～7片叶。早熟品种主茎总叶片数最少，适宜秧龄期也最短。中熟品种次之，晚熟品种适宜秧龄期最长，拔秧移栽的秧龄最早宜从五叶期初开始。

（四）湿润育秧技术

水稻湿润育秧秧田需淹水管理，可利用水层保温防寒和防除秧田杂草，且易拔秧，伤苗少。盐碱地秧田淹水，有防盐护苗的作用。

1. 秧田整地

秧田整地要求透水和通气，以利种子发芽出苗和秧苗扎根生长，防止烂秧和培育壮秧。整好通气秧田的关键是改水耕水做为干耕干做，即先把田耕耙整细，起沟做畦，施用底肥，把畦面泥块打碎耙平。然后放水浸泡，再把畦面整平抹光。要求畦宽150～170 cm（或视塑料薄膜幅宽而定），沟深26 cm，达到"上糊下松、沟深面平、肥足草净"的要求。这样的秧田，畦面下是一层土坷垃，通气性好，透水性强，晴天畦面不易开裂，雨天不易积水，便于进行湿润管理。

2. 地下害虫防治

播种前结合整地，使用5%毒死蜱颗粒剂3～5 kg/亩拌细干土20～30 kg，或用3%辛硫磷颗粒剂8～10 kg/亩，均匀撒施，然后犁入土中。

3. 施肥

结合整地施足底肥，掌握"腐熟、速效、适量、浅施"的原则。

4. 秧田杂草防治

（1）防治稗草、阔叶杂草和莎草科杂草：杂草三至五叶期用2.5%五氟磺草胺油悬浮剂60～80 mL/亩或50%二氯·吡可湿性粉剂100～200 g，兑水30～45 kg，喷雾。

（2）防治禾本科（千金、稗草）杂草：杂草三至五叶期用10%噁唑酰胺乳油70～80 mL/亩或10%氰氟草酯乳油40～60 mL/亩，兑水30～45 kg，喷雾。

5. 秧田虫害防治

水稻秧田虫害主要是灰飞虱，在水稻三叶期后喷施25%噻虫嗪水分散粒剂（如阿克泰）1 500倍喷雾，每5～7 d防治1次，连续喷施2次，且有壮苗作用。

6. 秧田管理

（1）立苗期：从播种到一叶一心期，即在芽鞘节根大部形成为立苗期。要求出齐苗、立好苗，防止烂种、烂芽。因此，一般只在沟中灌水，保持田面湿润通气，而不灌水上畦，促使种子迅速伸根立苗。若遇到暴雨袭击，则应在畦面上保持3～7 cm深水层，防止冲乱谷粒，雨停后要立即排水。在盐碱地，出苗前要排净沟中积水，出苗后要勤换水，防止返盐。

（2）扎根期：从一叶一心期到三叶期，即在开始长出不定根时为扎根期。要求扎好根，保住苗，防止烂秧、死苗。秧苗扎根，仍需氧气。这时秧苗耐低温能力大大降低，既怕夜晚霜冻，又怕烈日高温。所以，要灵活掌握水层深度，防冻防晒。一般原则是"天寒日排夜灌，天暖日灌夜排"，保持秧田里既有水，又通气。

秧苗进入扎根期后，要及时施用"离乳肥"，秧苗干重显著增大，能起到"得氮增糖"的效果，有利于促进秧苗由异养向自养转变。

（3）成秧期：三叶期以后为成秧期，秧苗管理基本要求是"控上促下"，促使扎根立苗，防止烂芽、死苗；三叶期后，则要求"控下促上"，防止秧根深扎而不利拔秧，积极促进地上部的生长。这时秧苗体内已形成通气组织，光合作用加强，生理需水增多，所以秧畦上要经常保持3 cm深浅水，以利长身。如秧苗缺肥，可酌施提苗肥；若有拔叶，适当排水晒田。在拔秧前4～5 d，施一次"起身肥"，以提高叶片内含氮量，增强秧苗发根力，以利插秧后能迅速返青分蘖。插秧时加深灌水，便于拔秧洗泥。铲秧要提前1～2 d落干，以利作业。

（五）薄膜育秧技术

薄膜育秧是在湿润育秧的基础上，在春寒时加盖塑料薄膜保温，以提早育秧的一种方法。

1. 盖膜方式

（1）平铺式：盖膜前在畦面上撒布谷壳灰或腐熟马粪等覆盖物，以免膜紧贴泥面，妨碍出苗。在二叶期必须揭膜，此法保温效果较差。

（2）拱式：盖膜前要先搭拱架再盖膜，这样秧苗生长的空间较大，揭膜期可延迟。

2. 薄膜育苗的时间

水稻薄膜育秧常用无孔无色的薄膜，膜下的温度比气温高1倍。因此，当平均气温稳定上升到5～6℃时，即可播种。

3. 薄膜育苗的关键措施

薄膜育秧成败的关键是及时通风和灵活炼苗，管理分为3个阶段。

（1）密封期：从播种到一叶一心期为薄膜密封期，要求创造高温、高湿的条件，促进稻种迅速伸根立苗。膜内保持30～35℃，35℃时则需打开薄膜两头通风降温，防止烧芽。待膜内降到30℃时，再行封闭。在密封期间，一般不灌水或只在沟中灌水，水不上秧畦。

（2）炼苗期：从一叶一心到二叶一心为炼苗期，膜内宜保持25～30℃。当晴天上午膜内接近适温时，就要通风；如遇13℃以下低温天气，薄膜密封。炼苗要采取"两头开门，侧背开窗，一面打开，日揭夜盖，最后全揭"逐步扩大通风的方法，使秧苗逐步适应外界条件。通风时畦面上灌浅水，盖膜时再退掉水。

（3）揭膜期：从二叶一心到三叶一心为揭膜期。当秧苗经过5 d以上炼苗，苗高6～10 cm，气温稳定上升到13℃，基本上没有7℃以下低温出现时，可在晴天上午揭掉薄膜。揭膜前在畦面灌深水护苗，以防温、湿度变幅过大，造成青枯死苗。揭膜后，便可按一般湿秧管理。

（六）旱育秧技术

水稻旱育秧是从播种开始，在整个育秧过程中只维持土壤湿润，而始终不保持水层的育秧方式。旱秧根系发达，生长健壮，秧苗素质好，耐旱、耐寒，栽后发根力强，返青快。此外，旱秧后期生长缓慢、发育延迟，秧苗低矮，不易拔节，因此，适栽期延长。其缺点是在地力差、土质偏碱以及气温低的情况下，易发生黄枯死苗现象。

水稻旱育秧宜选择土质肥沃、不易板结的壤土作秧田。注意精细整地，施足底肥，使土肥充分相融。地下害虫防治技术同湿润育秧。

做畦后浇透底墒水，待水透下后播种。播后用细湿土覆盖厚2～3 cm或4～5 cm。秧田杂草防治技术同湿润育秧。

秧田管理技术：待扎根后，分两次退土至2～3 cm；出苗后保持土壤湿润，不浇明水，以免土壤板结，不利长苗；三叶期后不轻易浇水，一般是不卷叶不浇水，浇水掌握"轻、匀、不积水"的原则；在移栽前3～4 d施起身肥，浇透水，以利拔秧。

（七）大棚育秧技术

1. 棚型

（1）木架结构：长15～20 m，宽8～12 m，拱高2.0～2.2 m，边高1 m，四道梁、四排桩。

（2）竹木结构：长10～15 m，宽5～6 m，高1.5 m，边高0.6 m，三道梁、三排桩。

(3)钢架结构：长 15～20 m，宽 8～12 m，拱高 2.0～2.2 m，边高 1 m。

(4)合金钢管结构：长 30～40 m，宽 8～10 m，高 3 m。

(5)玻璃钢结构：长 10～20 m，宽 8～12 m，高 2 m。

2. 大棚育苗的优点

(1)水稻大棚育苗有利于提早化冻升温和育苗，抢夺早春积温。

(2)大棚育苗可提高土地利用率、秧苗成苗率和秧苗利用率。

(3)大棚采光面性能和保温性能好，棚内温度均衡，提高了光能利用率，加之便于通风，有助于炼苗，更容易培育壮苗。

(4)大棚秧苗普遍好于小棚秧苗。一般大棚秧苗比小棚秧苗叶片平均多 0.5～1.0 片，根数多 2.5～4.5 条，根长 1.1～1.5 cm，干物重 0.4～0.5 g。

(5)大棚育苗省工省种，有利于苗床管理。

3. 大棚育苗的技术要点

(1)高台育苗：做高台苗床，可以防止苗床湿度过大，保持旱育条件。本田苗床要打 50 cm 高台，园田地育苗也要打 20 cm 高台。苗床要常年固定，常年培肥。

(2)提前扣棚：大棚育苗要在播种前 7～10 d 扣棚。

(3)地下害虫防治：同湿润育秧。

(4)播种时间：大棚育苗要比小棚育苗提早播种，以充分发挥保温性能好、温度恒定等优势。

(5)严格控制播量：降低播量是培育壮苗的关键措施，每平方米播量要控制在芽籽 300 g 以下（钵体育苗，每个钵体播 2～3 粒芽籽）。

(6)秧田杂草防治：同湿润育秧。

(7)加强苗床管理：在出齐苗揭去地膜后，就开始通风炼苗。在中午高温时通小风，降低棚内温湿度，逐渐加大通风量，直至全天通风。

（八）盐碱地育苗调酸技术

据范永强研究，采取基质育秧时每 360 m² 可用 500 mL 木醋液兑水 300 倍，均匀喷施在基质上。采取苗床土育秧时，根据土壤实际酸碱度，可将 500 mL 木醋液稀释 300 倍，均匀喷施于 360 m² 铺完底土的苗床上。

水稻二叶期是秧苗生育转型期，调酸既能有效控制水稻立枯病、青枯病的发生，又能促进秧苗的健康生长。将500 mL木醋液稀释300倍，均匀喷施于360 m^{2}苗床上。

三、土壤修复施肥技术

（一）东北稻区插秧栽培土壤修复施肥技术

1. 黑龙江农垦寒地水稻土壤修复施肥技术

（1）施肥总量：在水稻全生育期，每亩施用大量元素肥料（N）5.5～8.0 kg、磷（P_2O_5）2.5～3.5 kg、钾（K_2O）2.5～3.5 kg、钙（Ca）0.7 kg（氰氨化钙2.0 kg）。

（2）基肥：结合整地，每亩施用多功能土壤改良型高氮高钾腐殖酸螯合肥（N-P_2O_5-K_2O-Ca：18-18-8-3.5）20 kg；微量元素肥料，结合整地每亩施用硫酸锌1 000 g、硼砂500 g；微生物肥料，结合整地，每亩施用农用微生物菌剂（有机质 >45%，微生物 >10亿 /g）25 kg；插秧前结合灌水，每亩冲施植物源生物刺激素5 L。

（3）追肥：移栽后8～10 d，每亩施海藻酸尿素3 kg；孕穗期每亩酌情追施高氮肥（28-0-10）5 kg、氰氨化钙2 kg、硅肥0.75 kg。

（4）叶面追肥：水稻分蘗期结合病虫害防治喷施生物刺激素。木酚液或氨基酸水溶肥100～150倍液，孕穗后喷施磷酸二氢钾500倍液。

2. 黑龙江第一至第四积温带水稻土壤修复施肥技术

（1）基肥：结合整地，每亩施用氮肥（N）2.7～3.0 kg、磷肥（P_2O_5）2.0～3.0 kg、钾肥（K_2O）2.0～3.0 kg、氰氨化钙2.0 kg、硫酸锌800～1 000 g、硼砂500 g、农用微生物菌剂（有机质 >45%，微生物 >10亿 /g）20～25 kg；插秧前结合灌水，每亩冲施植物源生物刺激素5 L。

（2）追肥：插秧后7 d，进行返青期追肥。返青后立即施用分蘗肥，追施海藻酸尿素1.0～2.0 kg；氮肥量占全生育期氮肥量的40%～50%；孕穗期追施海藻酸尿素4.0～5.0 kg、氰氨化钙2 kg、硅肥0.75 kg。

（3）叶面肥：分蘗期至孕穗前喷施生物刺激素（如木酚液或氨基酸水溶肥）100～150倍液，孕穗期至齐穗期喷施磷酸二氢钾溶液500～600倍液。

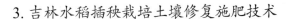
3. 吉林水稻插秧栽培土壤修复施肥技术

(1)基肥：结合整地，每亩施用大量元素(15–15–15)复合肥30～50 kg，氰胺化钙2～3 kg，微生物菌剂40～80 kg或者充分腐熟的优质农家肥800～1 000 kg，矿物硅肥1.5～2.0 kg，硫酸锌0.5～1.0 kg，硼砂0.25～0.30 kg；插秧前结合灌水，每亩冲施植物源生物刺激素5 L。整地后移栽前，每亩撒施植物源生物刺激素5 L。

(2)追肥：返青后施用分蘖肥，每亩追施尿素10 kg；拔节期追施尿素或高氮高钾复合肥5～10 kg，保持叶片叶绿素浓度，防止后期早衰，提高穗粒数和结实率。

(3)叶面肥料：灌浆期叶面喷施0.3%磷酸二氢钾2～3次，可显著增加千粒重，提高产量。

(二)西北地区插秧栽培土壤修复施肥技术

1. 宁夏黄河灌区插秧栽培土壤修复施肥技术

(1)基肥：基肥采用机械或人工撒施，结合二次水整地耙入土中，施肥深度6～7 cm，施肥做到用量准确、不重不漏。结合整地，每亩施用大量元素肥料(表9、表10)、微生物菌剂40～80 kg或者充分腐熟的优质农家肥800～1 000 kg、氰胺化钙2～3 kg、矿物硅肥0.5～1.0 kg、硫酸锌0.50～1.0 kg、硼砂0.25～0.30 kg；插秧前结合灌水每亩冲施植物源生物刺激素5 L。

(2)追肥：在2.5～3.0叶龄初灌时施苗肥，4叶龄分蘖开始追施蘖肥，在7月10日左右(倒2叶期)追施穗肥。

表9　　　　　　　　　　　插秧栽培水稻施肥方案(kg/亩)

目标产量	施养分总量			基肥				追肥(尿素)			
	N	P_2O_5	K_2O	尿素	磷酸二铵	氯钾或(硫酸钾)	氰胺化钙	总量	苗肥	蘖肥	穗肥
600	15.4	5.8	1.6	17.4	12.6	2.7(3.2)	2.0–5.0	16.1	4.8	8.0	3.2
700	18.6	7.1	2.6	18.5	15.4	4.3(5.2)	2.0–5.0	22.0	6.6	11.0	4.4
800	21.9	8.5	3.9	19.6	18.5	6.5(7.8)	2.0–5.0	28.0	8.4	14.0	5.6

表10 插秧栽培水稻施肥建议（kg/亩）

目标产量	养分总量			基肥					追肥（尿素）			
	N	P_2O_5	K_2O	施肥量	N	P_2O_5	硫酸钾（氯化钾）	氰胺化钙化钙	总量	苗肥	蘖肥	穗肥
600	16.7	5.8	1.6	40.0	—	—	—	2.0～5.0	16.1	4.8	8.0	3.2
700	18.4	6.4	2.1	42.5	—	—	—	2.0～5.0	22.0	6.6	11.0	4.4
800	20.1	7.1	2.6	45.0	—	—	2.0(2.4)	2.0～5.0	28.0	8.4	14.0	5.6

（3）叶面肥料。灌浆期叶面喷施0.3%磷酸二氢钾2～3次，可显著增加水稻千粒重和提高水稻产量。

2.新疆单季稻插秧栽培土壤修复施肥技术

（1）基肥：基肥采用机械或人工撒施（表11）。

表11 新疆单季稻插秧栽培基肥施用量（kg/亩）

肥料种类	多功能性肥料			大量元素肥料				微量元素肥料		
	微生物菌剂（10亿/g）	氰氨化钙	木醋氨基酸溶液（氨基酸>10%）	配方1：单质肥料			配方2：复合肥	硅肥	硫酸锌	硼砂
				尿素	二胺	硫酸钾	17-17-17			
施用量	20.0	2.0	5.0	20.0	10.0	6.0～10.0	60	1.0	1.0	0.5

（2）追肥：追施高氮复合肥（26-10-15）15～25 kg。

（3）叶面肥料：灌浆期叶面喷施0.3%磷酸二氢钾2～3次，可显著增加水稻千粒重和提高水稻产量。

（三）华北单季稻插秧栽培土壤修复施肥技术

1.苏北鲁南单季稻插秧栽培土壤修复施肥技术

（1）基肥：结合整地，每亩施用多功能土壤改良型高氮高钾腐殖酸螯合肥（N-P_2O_5-K_2O-Ca：16-10-15-1.75）40～50 kg、硫酸锌800～1 000 g、硼砂500 g、农用微生物菌剂（有机质>45%，微生物>5亿/g）40 kg。

（2）追肥：移栽1周后，分蘖期追施氮肥（N）4.6 kg（海藻素尿素10 kg）。孕穗期根据长势追施氮肥（N）3～5 kg（海藻素尿素6.5～11.0 kg）、钾肥（K_2O）3 kg（折合氯化钾5 kg)、氰氨化钙2.0 kg、硅肥0.75 kg；群体大、叶色浓的，追施氮肥（N）3 kg（海藻素尿素6.5 kg）；群体和叶色中等的，追施氮肥（N）4 kg（海藻素尿素9.0 kg）；群体小、叶色淡的，追施氮肥（N）5 kg（海藻素尿素11.0 kg）。

（3）叶面追肥：结合病害防治，分蘖期至孕穗前喷施植物源生物刺激素叶面肥（如木醋液氨基酸水溶肥）150～200倍液，孕穗期至齐穗期喷施磷酸二氢钾溶液500～600倍液。

2. 淮北水稻土壤修复施肥技术

（1）基肥：结合整地，每亩施用氮（N）8 kg、磷（P_2O_5）3 kg、钾（K_2O）3 kg、氰氨化钙2.0 kg，即结合整地每亩施用多功能土壤改良型高氮高钾腐殖酸螯合肥或海藻酸（N-P_2O_5-K_2O-Ca：26-10-10-1.75）30 kg，硫酸锌1 000 g，硼砂500 g，农用微生物菌剂（有机质>45%，微生物>5亿/g）40 kg。

（2）追肥：移栽后7 d，每亩追施海藻酸尿素10 kg；孕穗期每亩酌情追施高氮肥（30-0-5）5～10 kg、氰氨化钙2 kg、硅肥0.75 kg。

（3）叶面追肥：水稻分蘖期结合病虫害防治，喷施植物源生物刺激素（如木醋液氨基酸）水溶肥100～150倍液，孕穗后喷施磷酸二氢钾500倍液。

四、北方水稻插秧技术

（一）插秧时间

在培育适龄壮秧和精细整地的基础上，必须做到适期早插秧，这样可早返青、早分蘖，充分利用生长季节延长本田营养期，实现早熟高产。温度是影响适期早插的最重要因素，温度低秧苗发根力弱、返青慢。根据浙江省农业科学院的试验结果，有芒早粳在日平均气温13～14℃栽插，返青需14 d且返青不良，死苗较多；15℃插秧的，返青需7～10 d，且返青后生长正常，死苗很少；到20℃栽插时，只需4～6 d即可返青，但气温过高不利于返青。一般13℃是秧苗返青所需的最低温度，若要返青正常，籼稻需在候平均气温15℃以上，粳稻在14℃以上，这是水稻安全插秧期的下限。多数地区掌握在气温稳定上升到18℃时开始插秧。

华北大部分春稻插秧期在5月中、下旬；黄淮地区则在5月上、中旬开始插秧；新疆地区适宜在5月5日～5月10日插秧。在插秧适期内，要尽快插秧。

麦茬稻插秧时气温已高，必须抓紧早插，否则，缩短本田营养生长期难于高产。据西北农林科技大学（1973年）试验结果，晚茬稻生长季节紧迫，必须有足够的本田营养生长期，长好营养体，才能获得高产。生长期越长的品种，越需较长的本田营养生长期。如早粳稻和早中粳稻，从插秧到幼穗开始分化至少要有10 d以上，才能基本满足正常营养生长的需要。中粳稻和中晚粳则需20 d以上。如将本田营养生长期从插秧算到出穗，早熟种、早中熟种、中熟种及中晚熟种则分别需40 d、50 d、60 d、70 d。晚茬稻、麦茬稻需根据当地的安全齐穗期，加上所需的本田营养生长期，就是插秧适期的下限。例如，黄淮平原水稻安全齐穗期为8月下旬至9月上旬，种植中晚熟品种需要60~70 d的本田营养生长期，依此推算，一般麦茬稻插秧不宜迟于6月25日前后。华北地区麦收迟，水稻的安全齐穗期早，插秧季节就更为紧迫，必须抢时早插。

（二）插秧秧龄

在已育成健壮秧苗基础上，必须抢时栽插，不插老秧，因老秧的C/N高，发根力弱，加之叶面积大，蒸发量大，植伤亦重。特别是秧田期延长后，本田营养生长期就相对缩短，分蘖期延迟，分蘖的节位上升，减少了分蘖数，导致株矮穗小。秧田期越长，秧龄越老，影响越大，因此，要及早做好插秧准备，做到插植适龄秧苗。

一般秧苗插入大田后，至少能再抽出5~6片新叶，本田期的营养生长才较好。因此，总叶片数多的晚熟品种比早熟种有较大的秧龄弹性，即总叶片数少的早熟种对秧龄的要求更为严格。所以，对同期播种的秧苗宜先插早熟种，后插晚熟种。

（三）合理密植

1.合理密植的原理

水稻要高产，必须在保持个体健壮生长的前提下合理密植。

（1）叶面积和光能利用的关系：在一定范围内，叶面积随着植株密度的提高而增大，单位叶面积的物质积累量（即净同化率）下降很少。密度愈高，叶面积愈大，产量愈高。但叶面积增加到一定限度，就会出现相互遮光现象，个体通风透光不好，下层叶片枯萎，单株绿色叶面积减少，净同化率下降，导致产量降低。所以，合理密植既要掌握插植密度，又要加强田间管理，控制水稻高产适宜的群体叶面积。一般品种群体最大叶面积指数（出现在孕穗末期）以 5～7 为宜，7 以上会造成稻田郁蔽，5 以下光能利用率不高，都达不到高产目的。

（2）穗多和穗大的关系：每亩穗数与每穗粒数、粒重存在着制约关系，因此，水稻栽培不能单纯追求穗多，而应当争取穗大。掌握适宜的穗数，是水稻合理密植的一个核心问题。

（3）株数和穗数的关系：水稻密植主要通过增加插植株数，增加每亩穗数。但当株数增加到一定程度，个体生长受限，由于群体的自动调节作用，使分蘖数减少，甚至发生死蘖、死株，出现增株不增穗的现象，而且株数多的穗小，产量降低。因此，在不同插植密度最后达到相近穗数的情况下，应该追求插植株数的低限。

（4）主茎与分蘖的关系：增加每亩穗数有两种方法，一是密植限制个体生长，增多主茎穗，依靠主穗增产；另一种是稀植促进分蘖，增多分蘖穗，依靠分蘖增产。

据湖南省农业科学院（1984年）用放射性同位素测定结果，水稻主茎和分蘖间的养分有互相交流现象。在分蘖期，主茎流入分蘖的光合产物比分蘖流入主茎的多 16.7%，会促进分蘖的生长；到出穗期，各自保持相对的独立性，很少交流；到乳熟期，分蘖中的光合产物却有一部分转向主茎穗部。因此，一般带适量分蘖的主穗，总比不带分蘖的大。由此可见，要取得水稻高产，既要依靠主穗增产，又要保证一定数量的早期分蘖成穗。

2. 合理密植的主要内容

（1）确定适宜穗数：水稻的适宜穗数与单茎、单蘖叶面积、群体适宜的叶面积指数有密切联系，当群体叶面积指数一定时，单茎、单蘖的叶面积愈大，适宜的穗数愈低。

水稻品种不同，适宜的穗数不同。凡是株型紧凑、叶片挺直、开度小、茎秆粗壮的品种，较株型松散、叶片披散、茎秆细弱品种的单茎、单蘖叶面积要小，而群体适宜的叶面积指数较多，适宜穗数较多。因此，粳稻比籼稻、矮秆品种比高秆品种、多穗型品种比大穗型品种的适宜穗数要高。水稻品种的生育期不同，单茎、单蘖叶面积亦有很大差异，适宜穗数也就有很大不同。一般早熟品种的生育期短，适宜穗数多，晚熟品种就少。

此外，由于各地气候条件和土壤质地条件不同，水稻高产适宜的穗数也有很大差别，有随着纬度升高而增加的趋势。一般北方稻区的北部种植早、中粳品种，每亩适宜穗数为40万，中部种植中粳品种适宜穗数为35万。

(2)确定适宜苗数：中等生产水平的田块，栽插苗数相当于适宜穗数的80%，丰产田块为60%，高产田40%~50%，分别利用20%、40%的分蘖穗。水稻品种的特性与每亩适宜穗数有关，一般生育期长的品种分蘖期长，分蘖穗比例高；多穗型品种分蘖优势强，都应少插一些基本苗，多争取一些分蘖穗。相反，生育期短的品种、大穗型品种，就必须插足基本苗，依靠主茎穗。插秧季节早，分蘖期长，分蘖发生多；土壤肥力高，分蘖多的应比迟插和肥力低的少插基本苗，即所谓"肥田靠发，瘦田靠插"。但无论哪种情况，均应掌握两个基本原则，一是栽插的苗数都不宜超过适宜穗数；二是保证在拔节前15 d，全田总茎、蘖数达到适宜穗数。

我国北方水稻的栽插密度，每亩1.8万~5.5万穴，每亩9.5万~35万株苗，每亩成穗28万~49万。

(3)插植方式：根据栽插穴数和穴、行距的不同，一般有3种插植方式。第一种是方形插植法，即穴、行距相等，这种插植法在密度较低情况下，有利于稻株向四周均衡发展，对分蘖和穗的发育都较有利，且便于中耕管理。但当稻株密度较高，高秆籼稻每亩超过1.2万穴，粳稻和矮籼稻超过2万穴时，方形插植法封行过早，不利于稻株健壮生长。第二种是长方形插植法，即行距大于穴距，一般高秆籼稻行距不小于23 cm，粳稻、矮粳稻不小于18~20 cm。这样即使稻株密度较高，仍能保持一定的通风透光条件，而且还可通过缩小穴距来增加插植密度。近年来，不少地区还采用了宽行距、窄穴距、东西向的栽插方式。第三种是宽窄行插植法，就是把行距分为宽、窄两种。这种方法适于高度密植，可通过窄行增加插植密度，又可借宽行保持适当的通风透光条件。据中国农业科学院观察，在每亩都栽插4万穴的情况下，16 cm×10 cm的长方形插植法，在拔节期间基部的光照强度仅为自然光照强度的19.4%，而(23+10)×10 cm的宽窄行插植法则达41.5%。但这种插植法比较费工且管理不便，所以在丰产田使用较多。

（4）每穴插植苗数：凡每穴栽植苗数少的叫"小株"，插植苗数多的叫"大株"。在每亩基本苗数相同的情况下，小株插植有利于个体生长，大株插植的群体通风透光条件好。由于个体健壮生长是群体良好发展的基础，所以一般水稻宜采用"小株密植"。如西北农学院中粳"大–57"试验结果，在不同穴、行距下，凡每穴插6苗的，有效穗多于基本苗，单株有一定数量分蘖成穗；每穴插12苗的，有效穗少于基本苗，这说明了由于个体生长不好，不但分蘖不能成穗，而且有些基本苗也不能成穗。可见，无论穴、行距大小如何，每穴都不宜插植过多苗数，一般每穴以插5~6苗为宜。

在基本苗数确定后，选择适宜的穴、行距及每穴苗数，有利于田间管理和发挥密植的增产作用。

（四）提高插秧质量

1. 浅插

浅插是促进早返青和早分蘖的关键措施。俗话说："不怕水上漂，就怕淹没了腰。"因此，一般插秧深度不宜超过3.3 cm，只要插稳不倒即可。秧苗发根分蘖需要较高温度和充足空气。据观察，表土3.3 cm深处土温比6.7 cm深处高2℃，如插秧过深，低蘖位的分蘖处于土温低、通气性不好的土层中，不能萌发而休眠，分蘖节的节间便伸长，长成所谓"地中茎"，造成分蘖位上移，分蘖发生晚。地中茎生长消耗养分，发根力差，常导致僵苗不发。

2. 直插

直插就是要插得挺，不能插成风吹就倒的"顺风秧"或横着插的"烟斗秧"，更不能插成向前推的"拳头秧"，否则，秧苗过大，灌水后容易漂秧。

3. 匀插

所谓匀插就是要求水稻插秧行列要端正，秧苗大小要一致，使每棵秧苗都能生长均匀、分蘖整齐。如小苗带土移栽，则要把泥块按到土里，以与田面齐平为宜。

（五）机械插秧

目前，一般我国仍用人工手工插秧，劳动强度大，工效低，甚至耽误农时，亟需加速实现插秧机械化。近年来，我国已研制成功了多种型号的大、小苗手扶或机动插秧机，机插不仅可提高工效、减轻劳动强度和不误农时，而且能严格保证密植规格、插植深浅及秧苗数，保证插秧质量有利于植株的生长发育，提高产量。

机插前，要严格检查机具并进行试插，随时检查、调整，确保质量。机插秧苗必须粗壮充实、叶身挺秀、根短而齐，以3.3 cm插秧深度为宜，株高20 cm左右。拔秧时，要小把细拔，要随拔、随洗、随整，做到秧根松散，以免影响分秧和增加机插时的伤秧率。机插秧田要达到田平、泥细和耕层深浅一致。同时，插秧时稻田水层要浅，以免出现漏秧、漂秧现象，插秧时水深以1.7～3.3 cm为宜（图6-3）。

图6-3　水稻机械插秧

目前不少稻区仍以培育中、大秧苗为主，采用人工拔秧，不能充分发挥机插效能。因此，需要进一步加强对拔秧机械的研制并改进育秧方式，在有条件的地方可推行厂房育秧或小苗带土育秧，以实现水稻插秧的全部机械化。

五、北方水稻插秧栽培水分管理技术

（一）返青分蘖期水分管理

返青分蘖期是指从插秧至拔节幼穗分化以前，一般早稻为15～25 d，中稻为

25～30 d，晚稻为30～40 d。该期管理要促使分蘖早发，以培养足够数量的健壮大蘖，控制后期无效分蘖，以形成合理的叶面积和强大的根系，有利于干物质的积累，为争取大穗壮秆打下坚实基础。

1. 寸水活棵

一般采取浅水插秧，插秧后适当加深水层，减少叶面蒸发，减轻植伤，以利返青成活。水层也不宜过深，以免淹死下部叶片，降低土温，影响发根。一般人工插秧以3.3～5.0 cm水深为宜，机械插秧以1.7～3.3 cm水深为宜。

2. 浅水攻蘖

在返青后，要立即把水层放到1.7～3.3 cm深，以利分蘖和发根。因为分蘖的发生和根系的生长，与温度有密切关系。北方水稻分蘖盛期，一般温度都不能充分满足分蘖和发根的需要，特别是春稻田，温度偏低常常成为分蘖发苗的限制因素。浅水灌溉有利于提高水温、土温，增加土壤中的有效养分，也使分蘖节地带的氧气和光照较为充足，因而可以显著促进分蘖、发根。分蘖期一定要浅水灌溉，但决不可断水受旱，俗话说："黄秧搁一搁，到老不发作"，必须做到浅水勤灌。

（二）分蘖末期至幼穗分化的水分管理

在分蘖末期至幼穗分化进行排水晒田（即够苗晒田），适时控制秧苗对肥水的吸收，达到"一黄"的要求。

1. 晒田的优点

（1）提高分蘖成穗率。在分蘖末期至幼穗分化晒田，能促使后生分蘖迅速消亡，使养分集中供应有效分蘖，提高分蘖成穗率。据陕西省汉中灌溉站测定，经过晒田的有效分蘖率为75%，未晒田的为63.8%。

（2）增强抗倒伏能力。在分蘖末期至幼穗分化晒田，适当抑制稻株地上部分的生长，使碳水化合物在茎秆和叶鞘中积累，增加半纤维素含量，可增强抗倒伏能力。

（3）促进根部发育，提高根系活力。经过晒田后，根数增多，黑根减少，白根增多，可增强吸肥能力。

(4)疏通土壤空气，排除土壤中有毒物质，改善土性。据湖南农业大学测定，晒田后土壤还原性物质大大减少，土壤中的铵态氮和有效磷含量均下降，但复水后急剧增加，对水稻生长可起到"中控后保"的作用。

2. 晒田的要求

(1)够苗晒田：晒田的时机很重要，要看发苗情况，实行"够苗晒田"。当全田总茎数达到适宜穗数的1.2~1.3倍时，就要开始晒田。早熟品种到幼穗分化时，中、晚熟品种到分蘖终止期，即使没有"够苗"，也要进行晒田。

(2)要看稻苗长势：如稻苗生长旺、来势猛、叶色浓，有徒长现象，宜早晒、重晒；如稻苗生长慢，叶色较淡，可适当迟晒、轻晒。

(3)看土晒田：如土质烂、泥脚深的稻田，或者低洼田、冷浸田，常由于通气不良，黄根、黑根多，发苗差，就要早晒、重晒；相反，对一些通气性好的沙土田、新开稻田，则应轻晒或不晒。

(4)盐碱地晒田：盐碱地晒田后易返碱，保水不良的新开稻田晒田后会加重渗漏。一些寒冷地区可采用"深水淹蘖"办法抑制后期分蘖，水深以10 cm为宜，一般不应超过10 d，以免基部节间过度伸长而倒伏。

(三)长穗期水分管理

从拔节到抽穗称拔节长穗期或长穗期。一般山东春稻长穗期在7月10日~8月15日，麦茬稻在7月15日~8月25日，历时30~35 d。在长穗期营养生长和生殖生长并进，又是决定每穗粒数的时期。壮秆是大穗的基础，所以长穗期管理的主攻方向应是培育穗大、粒多、壮秆。水稻到长穗期保持4~5 cm深水层。晚熟品种的拔节期，早、中熟品种的穗分化初期，灌水均不宜过深，否则，茎基部气腔加大，茎秆强度减弱，易倒伏。长穗期决不可断水，因为这是水稻一生中需水最多的时期，也是对水分反应最敏感的时期，缺水受旱就会造成小穗败育或增多不孕花。水层灌溉还可调节温度变化，减少因高温或低温引起的小穗败育。

为了控制叶色规律性变化，调节稻株生理功能，晚熟品种在施用拔节长穗肥，拔节期叶色变黑后，到幼穗分化前，要进行一次落干晒田，使叶色再度褪淡，出现"二黄"。无论早、中、晚稻，到出穗前 3 ~ 5 d 稻穗各部发育已完成，对一些地下水位高、保水力强、稻株生长旺盛的稻田，都要进行一次落干晒田。这次只宜轻晒，以晒到新土不开裂、稻叶退黑转黄为度，以利下一阶段出穗灌浆，预防早期倒伏。

（四）抽穗结实期水分管理

从抽穗到成熟，一般早稻需 25 ~ 30 d，中稻需 30 ~ 35 d，晚稻需 40 ~ 45 d，简称结实期。结实期是决定每穗粒数和粒重，最终形成产量的时期，要促使粒大粒饱，防止空秕，确保穗多、穗大、稻粒饱满。抽穗结实期要活水养稻，即在抽穗扬花期间田间仍需保持一定水层，主要是调节水温，提高空气温度，以利开花授粉。到灌浆期要采取干干湿湿、以湿为主的灌水办法，就是在灌一次水后，自然落干后 1 ~ 2 d 再灌一次水。这样水气交替，可以达到以气养根、以根保叶的目的，有利于促进灌浆，防止早衰。进入蜡熟期，要采取干干湿湿、以干为主的灌水方法，在灌一次水后，自然落干后 3 ~ 4 d 再灌水。后期不宜断水过早，以免发生早衰青枯。一般黏重土壤稻田收割前 7 ~ 8 d 放水晒田，沙性土壤稻田收割前 4 ~ 5 d 放水晒田，最早不宜超过 10 d。

六、病害防治技术

1. 病毒病（条纹叶枯病）

水稻病毒病防治要先虫害（灰飞虱、白背飞虱等），再病害。返青后喷施 20% 盐酸吗啉呱可湿性粉剂 30 g/ 亩（或 4% 嘧肽霉素水剂 200 ~ 300 mL/ 亩，或 6% 宁南霉素水剂 600 倍液）+ 植物源生物刺激素（如木醋氨基酸 150 倍液），3 ~ 5 d 防治 1 次，连续防治 2 次。

2. 真菌性病害（纹枯病、胡麻叶斑病、叶瘟病、稻曲病）

孕穗期开始喷爱苗（30% 苯醚甲环唑·丙环唑乳油）20 mL/ 亩 + 稻瘟灵（40% 稻瘟·异稻乳油）100 mL/ 亩（或 20% 稻瘟酰胺悬浮剂 60 ~ 100 mL/ 亩，或 20% 三环唑乳油 100 mL/ 亩），喷雾，每隔 15 ~ 20 d 防治 1 次，连续防治 2 次。

3. 穗颈瘟

抽穗期用稻瘟灵100 mL/亩，或20%稻瘟酰胺悬浮剂60～100 mL/亩，或20%三环唑乳油100 mL/亩，喷雾，每隔5～7 d防治1次，连续防治2次。

4. 细菌性病害（白叶枯病、细菌性基腐病）

华北单季稻区要防治细菌性病害。水稻受细菌性病害侵染后，用20%噻森锌悬浮剂，或20%噻菌铜悬浮剂，或77%可杀得可湿性粉剂，600倍液喷雾，每隔5～7 d防治1次，连续防治2次。

据范永强和岳寿松研究，移栽前结合整地施用多功能农用微生物菌剂（5.0亿cfu/g）40～80 kg，具有显著防治水稻白叶枯病和细菌性基腐病的作用。

七、虫害防治技术

1. 灰飞虱、白背飞虱

返青后喷施25%吡蚜酮悬浮剂24～30 g/亩或25%噻虫嗪水分散粒剂10 g/亩，每隔3～5 d防治1次，连续防治2次。

2. 螟虫、稻纵卷叶螟

孕穗期开始喷福戈（40%氯虫·噻虫嗪水分散粒剂）8 g/亩。

3. 褐飞虱

抽穗期用25%吡蚜酮悬浮剂24～30 g/亩或25%噻虫嗪水分散粒剂10 g/亩，喷雾。

4. 稻象甲

（1）成虫发生期，用10%醚菊酯悬浮剂100 mL兑水50 kg，喷雾，把成虫消灭在产卵之前。

（2）7月下旬至8月上旬防治稻水象甲一代幼虫，结合稻飞虱、稻纵卷叶螟防治，对根际幼虫用20%辛硫·三唑磷乳油100 mL/亩，兑水50 kg，喷雾。

八、草害防治技术

1. 稗草、牛毛毡、异型莎草、鸭舌草、眼子菜、矮慈菇、节节菜、四叶萍、陌上菜等杂草（毒土法）

整地后移栽前，用20%（或30%或35%）丁·苄可湿性粉剂或10%（14%、18%、20%）乙·苄可湿性粉剂，拌毒土撒施。

2. 稗草、千金子、鸭舌草、节节草、牛毛毡、泽泻、矮慈姑、莎草、异型莎草、日照飘拂草等杂草（甩瓶法）

移栽前或移栽后3～5 d，用农思它（12%噁草酮乳油）200～260 mL/亩，持瓶甩洒。

第七章

北方水稻直播栽培技术

直播栽培就是在旱田状态下平整土地，然后播入稻种，再灌溉。如果播种后通过滴灌设备满足水稻生长的需水需肥条件，则称为水稻直播滴灌种植，是目前非常先进的节水栽培新模式，可以在没有自流灌溉的旱田，利用井水或其他水源种植水稻。

一、东北单季稻直播栽培安全高效与规模化生产技术

（一）黑龙江二、三积温带水稻直播栽培技术

1. 品种选择

参见第五章北方水稻品种。

2. 整地

（1）旱整地：秋整地地块春天要整平，春整地地块春季直接用旋耕，然后整平。旋耕深度12～14 cm，做到深浅一致，高低差不超过3 cm。

（2）水整地：播种前15～20 d放水泡田，水深以没过土层3～5 cm为宜。放水泡田3～5 d后，即可使用90拖拉机后悬挂配套水耙地机械整地，做到"早、平、透、净"。

（3）沉降：水整地后即可进行沉降。划成沟后恢复，这是沉降的最佳状态；划

不成沟，则说明沉降不够；划成沟不能恢复，则说明沉降过度。

3. 施肥

(1)底肥：采取机械或人工结合旋耕地一次施肥，先施肥、后耕地、再泡田。施肥的种类和数量同插秧栽培模式。

(2)追肥：水稻3.5叶龄时追施返青分蘖肥，也可结合苗后封闭除草使用。追肥的种类和数量同插秧栽培模式。

4. 种子处理

每100 kg种子用亮盾150~200 mL，兑水1.0~1.5 L，均匀拌种。

5. 播种

(1)播种时间：一般在5月上旬地温稳定到10℃时播种。

(2)播种量：每平方米28穴，每穴5~7粒，播种量可根据千粒重和发芽率计算。

6. 化学除草

(1)播后封闭除草：播种后即可上水使用除草剂，10%嘧草醚20~25 g/亩，兑水15~20升喷雾，喷药后保持水层3~5 cm深，保水5~7 d。

(2)苗后封闭除草：水稻3.5叶期，灌水3~5 cm深（水以淹没杂草但不淹没水稻心叶为宜），进行苗后除草，除草剂用二氯喹啉酸+苄嘧磺隆，使用剂量按照说明书使用。

7. 水分管理

(1)播种后水分管理：播种后除草后的水分，基本能满足水稻立针之前的要求。立针到3.5叶龄期，为满足水稻的根系发育要求，基本不需要浇水；如果田间过干出现1 cm宽的裂缝时，可以浇一次跑马水。

(2)水稻3.5叶龄后进行苗后除草，保持3~5 cm深水层5~7 d。一般采用浅湿干灌溉，水深不超3 cm，尽可能做到后水不见前水。分蘖后期茎数达到计划穗数80%~90%时，晒田至地表微裂缝，控制无效分蘖。幼穗分化期恢复灌溉。

(3)拔节孕穗水：此期以湿润间歇灌溉为主，每次灌水3~5 cm深，每次灌水前田面落干至脚窝有水。

(4)穗期水：用穗肥前排水晒田5~7 d，田面应落干至出现小裂缝，然后施肥。

施肥后即可浇水,水深2~3 cm。

(5)抽穗水:出穗期浅水,齐穗后间歇湿润灌溉,每次灌水前田面落干至脚窝有水,每次灌水3~5 cm深。

(6)灌浆水:出穗后30 d停止灌水。

8. 病虫害防治

同插秧栽培。

(二)吉林单季稻直播栽培技术

1. 品种选择

参见第五章北方水稻品种。

2. 整地

春季播种前旋耕,精细整地,整平整细,防止明种现象。旱直播栽培需起垄成畦,畦宽2 m,便于播后灌水。

滴灌种植不需起垄,采用滴灌带、种子、底肥一体化播种机一次完成,播深2 cm,滴灌带隔0.8 m铺设1根。采取宽窄行播种,宽行30 cm、窄行10 cm,滴灌带处于宽行内。滴灌带覆土,避免因大风使滴灌带缠在一起。

3. 施肥

(1)基肥:结合整地施用大量元素复合肥(15-15-15)每亩15~20 kg,充分腐熟的有机农家肥每亩1~2 m³或微生物菌剂40~80 kg,氰胺化钙2~3 kg,矿物硅肥0.75~1.0 kg,硫酸锌0.5~1.0 kg,硼砂0.25~0.3 kg。

(2)追肥:三叶期滴灌或冲施大量元素水溶肥(20-20-20)10 kg,配合施用尿素5 kg、植物源生物刺激素5~6 kg;分蘖盛期滴灌或冲施大量元素水溶肥(12-8-40)每亩10 kg,配合施用尿素5 kg。

(3)叶面肥料:灌浆期叶面喷施0.3%磷酸二氢钾2~3次。

4. 种子处理

播前种子需提前晾晒1 d,再进行药剂拌种。每50 kg稻种用亮盾15 mL+水1.5 kg拌种,或用40%多福粉500倍液浸种。

5. 播种

4月下旬开播，最迟5月5日以前播完，每亩播种6～12 kg。

6. 杂草防治

旱直播水稻草害较严重，特别是滴灌种植无水层存在，有利于杂草生长。

（1）苗前封闭：第一次灌水后待水层消失1～2 d尽快施药。如果滴灌供水，待土壤全部润湿后施药，一定在出苗前用药。12%噁草酮200 mL兑水50 kg，均匀喷雾封闭。

（2）茎叶处理：如果封闭后有漏草出现，三叶期前每亩用稻杰（2.5%五氟磺草胺油悬剂）60～80 mL，兑水40～50 kg喷雾；或50%二氯喹啉酸可湿性粉剂50 g加10%苄嘧磺隆20 g，兑水40 kg喷雾。

7. 水分管理

播后立即灌一次透水，出苗后至三叶期前不需水层，保持土壤湿润即可。三叶期至分蘖期保持潜水层至分蘖完成，然后干湿交替，以常规水田管理即可。

8. 病虫害防治

同插秧栽培。

二、西北单季稻（宁夏黄河灌区）直播栽培技术

（一）宁夏黄河灌区保墒旱直播轻简栽培模式

保墒旱直播是指利用土壤墒情进行播种出苗，在三叶期前进行旱管旱长，三叶期后灌头水，逐步建立水层的一种水稻直播轻简栽培方式，也称水稻幼苗旱长轻简栽培技术。该技术优点是可选择生育期接近插秧稻品种，苗期旱长有利节水，抗倒伏，产量水平较高。应用此项技术，必须实施冬水灌溉以增加土壤底墒；要选择盐碱较轻、肥力中上和常年进行稻旱轮作的稻田；必须集中连片种植，防止插花现象，在三叶期统一建立水层。为便于水稻播后种子萌芽、出苗，保持建立田间均匀的水层，促进正常的生长发育及长势的均匀性，建议播前实施激光平地。

1.品种选择

参见第五章北方水稻品种。

2.土壤修复性施肥

保墒旱直播轻简栽培水稻施肥方案如表12、表13所示。

表12　　　　　　　保墒旱直播轻简栽培水稻施肥方案一（kg/亩）

目标产量	施养分总量			基肥				追肥（尿素）			
	N	P_2O_5	K_2O	尿素	磷酸二铵	氯钾或（硫酸钾）	氰胺化钙	总量	苗肥	蘖肥	穗肥
600	16.7	5.8	1.6	10.3	12.6	2.7(3.2)	2.0~5.0	21.0	5.9	10.5	4.6
650	18.4	6.4	2.1	11.4	15.4	3.5(4.2)	2.0~5.0	23.2	6.5	11.6	5.1
700	20.1	7.1	2.6	12.5	18.5	4.3(5.2)	2.0~5.0	25.2	7.1	12.6	5.5

表13　　　　　　　保墒旱直播轻简栽培水稻施肥方案二（kg/亩）

目标产量	养分总量			基肥					追肥（尿素）			
	N	P_2O_5	K_2O	施肥量	N	P_2O_5	K_2O	氰胺化钙化钙	总量	苗肥	蘖肥	穗肥
600	16.7	5.8	1.6	35.0	20-17-6配方肥			2.0~5.0	21.0	5.9	10.5	4.6
650	18.4	6.4	2.1	38.8	20-17-6配方肥			2.0~5.0	23.2	6.5	11.6	5.1
700	20.1	7.1	2.6	42.5	20-17-6配方肥			2.0~5.0	25.2	7.1	12.6	5.5

3.种子处理

同插秧栽培拌种技术。

4.播种

（1）播种时间：当日平均气温稳定通过5℃以上时可播种，一般在4月15日前墒情好时播种。

（2）播种量：根据品种分蘖力、地力水平、整地质量、种子质量等确定适宜的播种量，每亩播种量为18~22 kg。

（3）播种方法：选用小麦条播机播种，行距控制在15~22 cm，施肥深3~5 cm。

播后用耱平表土，确保土壤墒情，促进早生快发。

5. 杂草防治

采用"一封二灭三补"化学除草技术。

（1）"一封"：上水前24 h内，每亩施用"90% 高效杀草丹"100～150 mL 或 "48% 仲丁灵"100 mL，做好芽前封闭。

（2）"二灭"：在稗草三叶期前用药剂（机械或人工）喷雾防治。

（3）"三补"：对苗期化学灭草时漏喷的再补喷一次（表14）。

表14　　　　　　　　　　　水稻生育期化学除草方法

使用时间	药剂名称	使用量/亩	使用方法	防治对象	注意事项
立针期至二叶期	90% 高效杀草丹乳油	100～150 mL	与20 kg 细沙土均匀搅拌，闷后均匀撒在田间	稗草和一年生杂草	稗草二叶期以前施药，保水5～7 d
四叶期后	2.5% 五氟磺草胺油悬浮剂 +50% 二氯喹啉酸钠盐 +10% 吡嘧磺隆	125 mL+20 mL +20 mL	兑水喷雾	各类杂草	喷药时要求田间湿润无水层，药后24 h 上水，恢复常规水浆管理
四叶期后	（双草醚 + 助剂）+10% 吡嘧磺隆 +25% 二甲·灭草松 +50% 二氯喹啉酸钠盐	（20 mL+20 g）+10 g+150 ml +40 g	兑水喷雾	大龄稗草、三棱草	药后保水5～7 d

6. 水分管理

水稻全生育期水层管理贯彻"两保两控"，即苗期保持薄水层活苗，孕穗抽穗期保持水层，防止低温冷害和颖花退化；分蘖期、灌浆期按照水稻节水控灌技术，干湿交替管理；6月下旬抑制无效分蘖；对长势过旺的田块实施烤田，促进主茎和有效蘖的生长发育。后期不宜过早断水，一般9月5日后停水，防止停水过早，影响水稻产量和品质。

在2.5～3.0叶龄露出2～3片叶尖开始灌水，水层不宜太深。实行间歇灌溉，使稻苗逐步适应由旱到水的过渡。对于墒情差、出苗不好的田块提前灌水。进入分蘖期后，参照插秧栽培水层管理执行。

7. 病害防治

稻瘟病特别是节瘟、穗颈瘟对稻谷的品质影响较大，甚至损失产量50%以上；发病轻时，秕谷增加，粒重降低，整精米率低。根据稻瘟病发生规律和监测情况，在6月下旬至7月上旬防治叶瘟、节瘟，7月下旬至8月上旬分别在水稻抽穗破口期、齐穗期防治穗颈瘟，共防治3次。每亩用40%稻瘟灵100 g+75%三环唑可湿性粉剂20 g，兑水30 kg喷雾；每亩用75%三环唑可湿性粉剂15 g+30%醚菌酯水分散剂10 g+80%代森锰锌25 g，兑水30 kg喷雾。

（二）宁夏黄河灌区旱直播轻简栽培模式

旱直播轻简栽培是旱整地、地表旱播种、播种后建立水层，也称水稻播后上水轻简栽培技术。

1. 品种选择

参见第五章北方水稻品种。

2. 土壤修复性施肥

（1）基肥：采用机械或人工撒施，结合二次整地耙肥入土，施肥深度6~7 cm。做到用量准确，不重不漏。

（2）追肥：在2.5~3.0叶龄施苗肥；四叶期分蘖开始追施蘖肥；在7月10日（倒2叶期）追施穗肥。具体肥料品种、施肥量如表15、表16所示。

表15　　　　保墒旱直播轻简栽培水稻施肥建议方案一（kg/亩）

目标产量	施养分总量			基肥				追肥（尿素）			
	N	P₂O₅	K₂O	尿素	磷酸二铵	氯钾或（硫酸钾）	氰胺化钙	总量	苗肥	蘖肥	穗肥
550	16.7	5.8	1.6	10.8	11.3	2.7(3.2)	2.0~5.0	16.5	5.0	7.4	4.1
600	16.2	5.8	1.6	11.4	1 312.6	3.5(4.2)	2.0~5.0	23.2	18.9	5.7	8.5
650	20.1	7.1	2.6	12.0	1513.9	4.3(5.2)	2.0~5.0	25.2	21.3	6.4	9.6

表 16　　　　　　　　保墒旱直播栽培水稻施肥建议方案二（kg/ 亩）

目标产量	养分总量			基肥					追肥（尿素）			
	N	P₂O₅	K₂O	施肥量	N	P₂O₅	K₂O	氰胺化钙化钙	总量	苗肥	蘖肥	穗肥
550	14.6	5.2	0	35.0	20–17–6配方肥			2.0~5.0	16.5	5.0	7.4	4.1
600	16.2	5.8	1.6	37.5	20–17–6配方肥			2.0~5.0	18.9	5.7	8.5	4.7
650	17.8	6.4	2.1	40.0	20–17–6配方肥			2.0~5.0	21.3	6.4	9.6	5.3

3. 种子处理

（1）药剂拌种：播种前 3~5 d，用精甲霜灵·咯菌腈悬浮种衣剂 100 mL+ 噻虫嗪种子处理可分散粉剂 10 g+2 kg 水，包衣种子 35 kg；或用甲霜灵·福美双悬浮种衣剂：种子：水 =1∶40~50∶1，包衣种子。

（2）种子附泥：先将黏土粉碎过筛，然后按种∶土 100∶5~100∶8 适量加水，附于包衣好的种子表面，应用木锹充分搅拌，均匀附泥。种子附泥后及时晾晒，晾晒方法同晒种。当种子晾晒到附泥发干，呈现附泥本色时对种子过筛，装袋待播。各品种要单独处理，严防混杂。

4. 播种

（1）播种时间：当地平均气温稳定在 12℃ 后即可播种，一般在 4 月下旬。结合水情和轮灌制度确定具体的播种时间，确保播种后能及时足量灌水，以防稻种久晒开裂。

（2）播种量：根据品种分蘖力、地力水平、整地质量、种子质量、发芽势等确定播种量。一般每亩播种 18~22 kg，蘖力强适当少播种。

（3）播种机械：选用小麦条播机或人力条播机进行播种，应大力示范推广穴播精量播种机械。

（4）保证播种质量：播种前根据品种特点调整好播量、行距、接趟，播种行距控制在 18~22 cm。播种时做到播行直、播量准确、落粒均匀，地头、四边播到，并且在同一块田内选择地力条件好、相对比较平整的地方重播 1~2 机播宽的育秧区，以备埂边和田嘴处补秧。

5. 除草

同旱直播轻简栽培。

6. 水分管理

(1)大水浸种:为保证水稻上水后种子萌芽、出苗,水稻播种封药后及时灌水,建立田间均匀的水层。初灌后保持10~12 cm深水层,保持5~7 d,使种子吸水萌动,发挥压碱洗盐作用,为稻种发芽扎根创造良好的立地条件。

(2)浅水催芽:种子露白时降低水层,以寸水为宜,以利于提高地温,透气,促进种子发芽生根。

(3)干干湿湿扎根:种芽根长2~4 cm、芽鞘长3~5 cm时进行短时间落干0.5~1.0 d,盐碱地采取阴天或夜间落干或汪水汪泥管理,至不完全叶转绿、真叶出鞘后正常落干晾田。

(4)落干晾田:落干晾田灌水做到干湿交替、水层盖地露苗,促进根系生长,直到稻苗长出4~5条初生根,长度超过芽长时落干晾田结束,达到保全苗、育壮苗的目的。避免大水闷苗、抬苗,造成稻苗根系生长发育弱小、死苗、漂秧。

(5)苗期保持薄水层活苗,孕穗抽穗期保持水层深度,防止低温冷害和颖花退化。

(6)分蘖期、灌浆期按照水稻节水控灌技术,干湿交替管理。6月下旬抑制无效分蘖。对长势过旺的田块实施烤田,促进主茎和有效蘖的生长发育。同时后期断水不宜过早,一般9月5日后停水,防止停水过早,影响水稻产量和品质。

7. 病害防治

同旱直播轻简栽培。

三、华北单季稻直播栽培技术

1. 品种选择

参见第五章北方水稻品种。

2. 整地

前茬作物(小麦、油菜等)收获后及时灭茬,然后旋耕。

3. 土壤修复性施肥

(1)底肥：结合整地施用大量元素专用肥(18-10-18，或16-7-18，或20-10-20)40~50 kg，农用微生物肥料(有机质>45%，微生物>2.0亿/g)，土壤调理剂10 kg。

(2)追肥：水稻三、四叶期追施高氮复合肥(30-5-5)7.5~10.0 kg；孕穗期追施高氮高钾复合肥(如20-10-20)7.5~10.0 kg。

(3)叶面追肥：孕穗期、抽穗期结合病虫害防治，施用磷酸二氢钾500倍液。

4. 种子处理

播前种子需提前晾晒1 d，每50 kg稻种用亮盾15 mL+水1.5 kg拌种。

5. 播种

4月下旬开播，最迟5月5日以前播完，每亩播种6~12 kg。

6. 除草

同吉林单季稻直播栽培。

7. 水分管理

播后立即灌一次透水，出苗后至三叶期前不需水层，保持土壤湿润即可。三叶期至分蘖期保持潜水层，至分蘖完成，然后干湿交替，以常规水田管理即可。

8. 病虫害防治

同插秧栽培。

第八章

北方水稻旱直播水肥一体化（滴灌）栽培技术

水稻旱直播水肥一体化（滴灌）栽培是指在没有自流灌溉的旱田条件下播种，利用井水或其他水源的节水节肥栽培新模式。

1. 基本要求

（1）水源要求：采取水稻旱直播水肥一体化（滴灌）栽培的地块要有水源（包括井水或河水等）。

（2）动力配备：动力配套主要根据播种面积来确定，一般播种100亩地要配套5～10 kW的动力。

（3）滴灌设施：主管道为地埋PE管或水带，过滤系统为离心过滤＋砂石过滤＋碟片过滤，滴灌管内镶贴片式滴灌带。

（4）滴灌设备安装：种、肥、滴灌带三位一体播种机一步到位（图8-1）。滴灌带覆土深2 cm，过深会阻碍通水，过浅易被风吹起无法使用。滴灌带的铺设宽度，要保障水稻的供水需求，同时不浪费而增加成本。主管道合理调整铺设布局，保障供水均匀，有利于施肥、施药均一。遇到高度悬殊的地形，要采用压差补偿力强的滴灌带，防止高压差造成灌水不均。机械铺设完成要仔细试水，检测并修复破损或阻塞部分（图8-2）。播种后第一次灌水强度要大，达到土壤水分饱和，不然会影响出苗。

图8-1　滴灌设备铺设方式

图8-2　水肥一体化效果

2.品种选择

水稻旱直播水肥一体化（滴灌）栽培的播种期虽然较插秧栽培晚，但收获期仅晚7～10 d，所以可以应用当地插秧栽培较早熟的品种。

3.种子处理

同插秧栽培。

4.水肥一体化施肥

（1）底肥：结合整地施用水稻专用肥（18-10-18，或16-7-18，或20-10-20）40～50 kg，秸秆腐熟剂2 kg，土壤调理剂10 kg。

（2）追肥：水稻三、四叶期追肥，根据出苗情况追施高氮复合肥（30-5-5）7.5～10 kg；孕穗期分别追施高氮高钾复合肥（20-10-20）7.5～10.0 kg；孕穗期、抽穗期结合病虫害防治，喷施磷酸二氢钾500倍液。

5.播种

（1）及时整地：小麦收获后及时灭茬，进行旋耕整地。

（2）精细播种：根据千粒重和发芽率，一般撒播稻种8～10 kg。做到播种深度一致，一般不超过3 cm，不漏播。

6.除草

（1）杂草种类：水稻直播栽培稻田主要是禾本科杂草，如稗草、千金子、马唐、牛筋草、双穗雀稗等。

（2）防治方法：

①芽前防治：播种后，每亩喷施33%二甲戊灵乳油130 mL+90%丁草胺乳油150 mL+60%苄嘧磺隆水分散粒剂5 g。

②芽后除草：杂草三叶期前，每亩喷施50%噁唑酰草胺乳油60 mL，兑15 kg水，均匀喷雾；杂草三、四叶期每亩喷施50%噁唑酰草胺乳油100~120 mL，兑30 kg水，均匀喷雾；或在杂草三叶期前，每亩喷施10%噁唑·氰氟乳油120~150 mL/亩，兑15 kg水，均匀喷雾。

7. 水分管理

始终保持土壤含水量的90%~100%，分蘖期要保持大水大肥，促进有效分蘖，至拔节孕穗期进入水分临界期，要保证土壤水分始终饱和。

8. 病虫害防治

同直播栽培。

第九章

北方水稻免耕播种与小麦（油菜）秸秆覆盖还田技术

北方水稻免耕播种与小麦（油菜）秸秆覆盖还田技术是由范永强和郑士崔等于2015年共同发明，获国家发明专利。

1. 操作步骤

（1）在小麦（油菜）收获前，将处理好的水稻种均匀撒到麦田中去（图9-1）。

图9-1　撒种

（2）小麦（油菜）收获后，人工均匀覆盖秸秆，然后浇一遍跑马水，4～5 d后再浇一遍跑马水。

（3）水稻出苗后注意防治田间杂草。

（4）水稻三叶期、孕穗期进行追肥（图9-2、图9-3）。

（5）水稻三叶期后，基本按照水稻插秧栽培进行管理（图9-4）。

图9-2　水稻三叶期追肥

图9-3　水稻孕穗期追肥

图9-4　免耕播种效果

2. 技术优势

（1）与插秧栽培模式相比：

①降低生产成本：采取本技术可省去水稻育秧、麦田清理秸秆、耕地、整田、泡田、拔秧、插秧等环节，每亩节省生产成本600元以上。

②降低劳动强度：采取本技术可省去整地拔秧和插秧等环节，大大降低了农民的生产劳动强度。

③改良土壤：采取本技术，每年每亩增加500 kg以上的秸秆还田，可显著提高土壤的有机质含量，有效抑制土壤酸化，明显提高土壤的速效钾、速效锌等矿物营养元素含量。

④解决了秸秆还田难的问题。采用小麦（油菜）/水稻栽培模式，解决了小麦或油菜秸秆还田，不利于水稻插秧的问题。

⑤节约农业生产资源。采取水稻免耕播种方法省去了水稻育秧的环节。水稻免耕播种，土壤紧实，田间持水量低，能够节约灌溉水；水稻播种后用小麦（油菜）秸秆覆盖，能够降低田间蒸腾量。据研究，采取免耕栽培和秸秆覆盖的较插秧栽培节约水50%以上，较直播栽培节约水20%以上。

⑥有利于提高稻谷品质。该栽培技术较插秧栽培开花期推迟10~15 d，收获

期推迟 5~7 d，因开花和灌浆期避开了高温天气，水稻灌浆速度加快，千粒重高，有利于提高稻谷品质。

（2）与直播栽培相比：

①降低生产成本。采取本技术省去直播水稻清理秸秆、耕地和播种的环节，每亩节省生产成本 100 元以上。

②改良土壤。采取本技术每年增加 500 kg 小麦秸秆或 200 kg 油菜秸秆还田，可显著提高土壤的有机质含量，有效抑制土壤酸化，明显提高土壤的速效钾、速效锌等矿物营养元素的含量。

③解决了小麦（油菜）秸秆还田难的问题。

④节约水资源，单位面积节约水 30% 以上。

⑤有利于苗全苗旺。采取本技术水稻出苗率能达到 90% 以上，而直播稻因稻地被耕作，含水量高，对出苗产生极大影响，不利于苗全苗旺。

⑥降低了稻田杂草的发生，减少了除草剂的使用。采取本技术，因有大量的小麦（油菜）秸秆覆盖，而抑制了杂草的发生。

3. 精准栽培技术

（1）品种选择：麦（油）茬稻小麦（油菜）秸秆覆盖还田与水稻免耕播种的播种期虽然较插秧栽培晚 5~7 d，可以应用当地插秧栽培的品种或早熟 5~7 d 的品种。

（2）种子处理：同直播水稻栽培。

（3）播种技术：一般在小麦（油菜）收获前播种。根据千粒重和发芽率，一般撒播稻种 7.0~10.0 kg。要撒种到田边，疏密均匀，不漏撒。

（4）小麦（油菜）秸秆处理：小麦（油菜）收割后，将小麦（油菜）秸秆人工摊铺均匀，防止水稻种子裸露或秸秆过多，引起水稻田间出苗率下降和影响后期生长，降低水稻产量。

（5）水分管理：小麦（油菜）秸秆摊铺均匀后，浇跑马水，保持水层 24 h，然后排水。第一次跑马水后 4 d，再浇一次跑马水。水稻三叶期后水分管理同插秧栽培。

（6）施肥：

①基肥（三叶期）。每亩施用腐殖酸（或海藻酸、氨基酸等）螯合型高氮高钾复合肥（20–10–15）50 kg；每亩撒施具有促进腐熟作用和防治病害功能的农用微生物菌剂（10亿/g）20 kg；每亩大田撒施土壤调理剂（含硅、锌、硼、钙等元素）10 kg；浇第一次跑马水时，每亩冲施植物源生物刺激素5 kg。

②追肥。分蘖盛期每亩追施尿素15～20 kg，孕穗期每亩追施高氮高钾复合肥（19–4–21）10～15 kg。

③叶面肥。孕穗前结合喷药喷施植物源生物刺激素、聚能小分子等叶面肥，孕穗后喷施聚能小分子、磷酸二氢钾叶面肥。

除草和病虫害防治同旱直播水肥一体化（滴灌）栽培。

参 考 文 献

1. 申温文，1995. 徐州水稻最佳抽穗期的分析，中国农业气象，16(2)：16~19

2. 朱德峰，2008. 超级稻品种配套栽培技术，北京：金盾出版社

3. 朱德峰，2015. 中国水稻高产栽培技术创新与实践，中国农业科学，48(17)：3 404~
   3 414

4. 李振金，2002. 麦茬粳稻旱育秧优质超高产配套技术研究，山东农业科学，6：3~7

5. 张福锁，2011. 测土配方施肥技术，北京：中国农业大学出版社

6. 张燕，2003. 北方水稻旱作栽培技术，北京：金盾出版社

7. 范永强，2017. 土壤修复与新型肥料应用，济南：山东科学技术出版社

8. 周洁，1996. 水稻"三旱"栽培技术，中国稻米，6：17~18

9. 金桂秀，2013. 山东南部临沂稻区直播稻高产栽培技术，农业科技通讯，8：167~168

10. 邹英斌，2018. 水稻育秧技术的历史回顾与发展，作物研究，32(2)：163~168

11. 胥忠勤，2018. 水稻机插秧育苗和高产高效栽培技术，农业开发与装备，10：203~204

12. 褚光，2019. 我国水稻栽培技术的研究进展及展望，中国稻米，25(5)：5~7

13. 颜士敏，2013. 江苏水稻机插秧发展现状与技术对策，中国稻米，20(3)：48~49，53

14. [日]宫坂昭著，钱亮译，1980. 机插秧栽培的原理与应用，北京：农业出版社